# 技术型吃货

*iFoodGeek*

钱程　胡馨远——著

江苏凤凰科学技术出版社

国家一级出版社　全国百佳图书出版单位

**图书在版编目（CIP）数据**

技术型吃货 / 钱程，胡馨远著 . -- 南京 : 江苏凤
凰科学技术出版社，2018.7

ISBN 978-7-5537-9164-7

Ⅰ . ①技… Ⅱ . ①钱… ②胡… Ⅲ . ①食品科学 - 普
及读物 Ⅳ . ① TS201-49

中国版本图书馆 CIP 数据核字（2018）第 080227 号

## 技术型吃货

| | | |
|---|---|---|
| 著　　者 | 钱　程　胡馨远 | |
| 责 任 编 辑 | 谷建亚　沙玲玲 | |
| 责 任 校 对 | 郝慧华 | |
| 责 任 监 制 | 曹叶平　周雅婷 | |

| | |
|---|---|
| 出 版 发 行 | 江苏凤凰科学技术出版社 |
| 出版社地址 | 南京市湖南路 1 号 A 楼，邮编：210009 |
| 出版社网址 | http://www.pspress.cn |
| 印　　刷 | 南京海兴印务有限公司 |

| | |
|---|---|
| 开　　本 | 718mm×1000mm　1/16 |
| 印　　张 | 18.75 |
| 字　　数 | 300 000 |
| 版　　次 | 2018 年 7 月第 1 版 |
| 印　　次 | 2018 年 7 月第 1 次印刷 |

| | |
|---|---|
| 标 准 书 号 | ISBN 978-7-5537-9164-7 |
| 定　　价 | 45.00 元 |

图书如有印装质量问题，可随时向我社出版科调换。

转眼间，微信公众号"技术型吃货"建立已经两年有余。这两年时间里，我和馨馨（胡馨远）已经积累了超过 200 篇文章。我们的微信公众号和知乎专栏一步步发展壮大，其中的乐趣和成就感是无法比拟的。第一次被《知乎日报》转载，第一次被"丁香医生"约稿，第一次阅读量破万，第一本电子书出来，第一次做知乎 Live（直播）……这些众多的"第一次"，现在想来仍然记忆犹新，历历在目。

我最初写科普文章的动机很简单：学食品工程的我，发现日常生活中有很多食品科学的知识，大部分人还不甚了解。而很多人往往容易受一些谣言和商家宣传的蛊惑，相信一些其实并不靠谱的东西。那时，我就萌生出了写科普文的想法。因为，这个领域与我们的生活密切相关，太需要科普了。

网上的很多食品类科普文章，往往要么是专业术语堆砌，陷入艰深难懂的窠臼；要么是只说结论，但不告诉你为什么。而我在写科普文章时，就比较注意不要落入这两个陷阱中。但想把一个概念说得既专业而又人人都明白，并不是一件容易的事情。还好有馨馨的合作，她在语言学和趣味性上的坚持，与我在专业性角度的考虑，两者结合起来，我们才能获得如此"有趣且专业"的文章。

"技术型吃货"也改变了我的人生轨迹。"纸上得来终觉浅，绝知此事要躬行。"写科普文章激发了我对研究食品本身的兴趣。于是，在2016年年底，我选择回国，做一名食品研发工程师。"技术型吃货"的英文名是"iFoodGeek"，而做食品研发，就需要有"极客"一样的钻研精神。我的职业也帮助我写出更专业、更有深度的科普文章。

感谢家人和朋友的支持，感谢关注我们微信公众号和专栏的读者们，是你们的默默鼓励和支持，才有了今天实体书的出版。当然，最重要的还是感谢馨馨，完美的合作伙伴，无需多言。

如果只懂美食，那只是普通吃货。我希望随着这本书的出版，以后越来越多的人都能成为懂食品科学、食品安全的"技术型吃货"。

钱程

2018 年 1 月

　　如果没有 QC 菌（钱程），我大概一辈子都是一个困惑的吃货。但有时候人生的小船就是会向你意想不到的方向驶去。

　　还记得那是 2015 年的 11 月，我在朋友圈分享了 QC 菌在知乎上的一篇答案《古人是如何得知食物的加工的？》，结果引发了点赞热潮，我的微信好友也一个个都分享了这个答案的链接。那时候，有一个想法突然在我脑内划过："我们为何不开一个公众号来发表这些答案呢？这样大家不就能更方便地进行分享了吗？"那时候 QC 菌还在美国，我刚刚回国，于是我就郑重其事地跟 QC 菌通了个语音，商量了一下事情的可行性。接着，24 小时以后，"技术型吃货"上线了。

　　一直有朋友或读者问我："馨馨，你明明是学语言学的，怎么对食品这么了解？看你们的文章好专业啊！"但其实，我跟非食品相关专业的人一样，对食品基本上一窍不通，只停留在什么好吃，什么不好吃的阶段，而文章中的专业部分都是 QC 菌独自完成的。所以，每次 QC 菌写完一篇新的文章，作为段子手担当的我不仅要思考如何往里面添加有趣的对话和吐槽，还需要以一个外行人的角度阅读这篇文章，指出可能存在的我没看懂的专业知识部分，让QC菌在文章中作进一步解释。

观察生活，提出问题，读文章，分析文章，加段子，与读者互动，思考如何经营……"技术型吃货"带给我的快乐和体验太多了。但要说最让我感到幸福的，就是读者因为阅读到了我们的文章，知道了很多食品的真相，从而消除了疑惑，减少了对食品安全的恐惧，避开了那些真正对身体有负面作用的食物，笃定地做一个自信的技术性吃货，游刃有余地掌握着自己的健康和生活。每每看到读者相关的留言，都让我对"技术型吃货"的自豪感和成就感又多了一分。

所以这本书的出版，要感谢"技术型吃货"的读者。是你们一直在支持我们，给我们坚持下来的动力。其实，我觉得我都不该分"你们"或者"我们"，因为事实上"技术型吃货"的读者和我们的关系非常近，早就应该合成一个整体。所以，这本书是属于所有支持过"技术型吃货"的人的，因为我们的共同努力，所以我们的作品有了纸质的版本，在这个地球上，在这个宇宙中，以实体的方式存在过。

最后，请允许我从"技术型吃货"中抽离出来一会儿，以"馨馨"这个个体，无法免俗地发表一下出书感谢。感谢我的家人，尤其是我的爸爸，能够一直支持我无忧无虑地做我喜欢的事情。感谢陈永忠教授，教会了我如何对这个世界进行思考。感谢沈钟伟教授和 Professor David K. Schneider，让我领略到了人类语言和文字的美妙。感谢我的学生，是你们一直让我接触到最新鲜的事物。感谢我的朋友们，一直给予我肯定和鼓励。感谢路娇，帮我们画了那些可爱的封面小图。

当然，最要感谢的是 QC 菌，没有你，就没有"技术型吃货"的一切。我时常担忧自媒体平台的起起伏伏，互联网时代产品的快速迭代，会不会影响到我们两个渺小的码字者。但每次看到你坚定的眼神，我都知道，"技术型吃货"会一直写下去。

馨馨

2017 年 12 月 26 日 于上海

目 录 contents

第一章　吃的技术简史：
　　　　吃货是如何一步步走过来的

第二章　不上当的技术：

所谓超级食品，就是超级"智商税"

第三章　不恐慌的技术：

"致癌"食品，你的误解有多深？

第四章　选购的技术：

食品工程师如何选购食品

第五章　吃快餐的技术：

　　快餐也可以既营养又健康

第一章

# 吃的技术简史

吃货是如何一步步走过来的

# 一万年前，吃货的纯天然时代

在史前时代，原始人类是不会对"吃"抱有太多奢望的。

那时，只要活着，能把自己的基因繁衍下去，就已经是最大的胜利了。

人们被饥饿驱使着，狩猎动物，采集野果。人们必须要试错，尝遍每一种"看起来可以吃"的东西，虽然这可能带来危险和死亡，但是在饿死的风险面前，这都是小菜一碟了。

在如今的人们看来，原始人类几乎可以说是见啥吃啥，但这种尝试并不是完全没有方向的。在亿万年的生存演化中，我们已经进化出了先天的趋利避害本能，帮助我们鉴别出什么是"可以吃的"，什么是"不能吃的"。

这种本能，我们把它称作味觉和嗅觉。

味觉的本质是什么？如果遵从最原始的定义，那应该是："人体检测出溶于水的物质分子，并产生特定的感觉"。

是的，我们的舌头只能检测出溶于水的物质分子。固体的颗粒即使和味蕾接触，我们也无法产生味觉。平时，唾液将口中的食物溶解，因此我们才能尝到食物的味道。不信，你可以试着将舌头彻底擦干，再尝尝盐粒、糖粒等，看看是不是还能尝出味道来。

目前科学家在味蕾中只发现了5种不同的味觉感受器。换句话说，所有食物的滋味，都可以被还原成五种最基本的味觉，即酸、甜、苦、咸和鲜。

不要小看这5种基本味觉，它对于原始人类的生存有着极大的意义。

首先，那些能够提供大量能量的东西肯定是我们祖先求之不得的，如碳水化合物。于是我们进化出了甜味感受器，来专门识别这种"高能量"的食物。一个东西越甜，说明它含有的碳水化合物越高，蕴含的能量也越多。这就是我们为什么从基因里就喜爱甜食的原因。

人体内大部分化学反应都需要电解质的参与，补充电解质对于人类来说非常重要。于是，我们进化出了代表电解质的味道——咸味。为什么往菜里添加一点咸味，菜马上就变得可口起来了呢？这就是原因。但电解质补充过多了人就会脱水，这时大脑的渴觉中枢会产生口渴的感觉，提醒人们"多喝点水！"这就是为什么我们吃了很多很咸的菜以后就会特别口渴的道理。

蛋白质也是人体必不可少的营养成分。它参与人体内几乎所有的化学反应。如果某样食物富含蛋白质，它会很容易释放出游离的氨基酸和核苷酸。于是，我们进化出了探测游离氨基酸和核苷酸的感受器，那就是——鲜味。对于原始人类来说，感受到了鲜味，那就说明定位到了优质的蛋白质资源。

下面来讲讲苦味，这是一种令人不太愉快的感觉，强烈的苦味还会引起呕吐反应。苦味在自然界有很多都是由生物碱引起的，而生物碱——有很多种类都是有毒的。所以，对于原始人类来讲，一样东西如果发苦，它有毒的可能性就比不发苦的东西高很多。人类进化出苦味味觉，很可能就是为了快速识别出这些有毒物质，并把它吐出来。

酸味说白了就是酸的味道。纯的酸味也不是一种令人愉快的味道。一杯溶液的 pH 代表了溶液中氢离子的浓度，而酸味味觉其实就是这种氢离子浓度的感觉。氢离子浓度越高，pH 越低，酸味越浓。我们为什么会进化出酸味呢？因为未成熟的果实以及腐败变质的食物通常 pH 都很低，酸味能够有助于我们识别出这种物质，从而避免食用它们。

除了味觉，嗅觉的作用也是不可替代的。味觉检测的是溶于水中的物质分子，而嗅觉检测的是分散在空气中的物质分子。

人类嗅觉的敏感度是超乎大部分人想象的，比如说，一升空气中只要存在百亿分之一毫克的麝香分子，就已经足以让人闻到了。这甚至足以比肩目前最尖端的检测仪器。

我们前面说过，基本味觉只有简单的 5 种，但我们可以分辨出很多不同食物的味道，如巧克力味、草莓味、樱桃味等。其实分辨这些味道，很大程度上都是依赖我们的嗅觉，而不是味觉。

人们发现的嗅觉感受器的种类已经达到了上千种。那么，是不是可以说我们能感受的"基本嗅觉"的量是上千种呢？其实远远不止，也许你很难想象，我们可以感受到的气味总数大约在 10 亿这个量级！这是因为每种气体分子都会刺激好几种不同的嗅觉感受器，而上千种嗅觉感受器的不同排列组合，就引发出了无穷无尽的嗅觉体验。

嗅觉可以帮助人们判别食物的位置，比如说，成熟的水果会散发出果香味，吸引人们前来采食。嗅觉还可以帮助人们快速鉴别出腐败变质的食物，因为难闻的气味会让人们远离它。

就这样，多亏了味觉和嗅觉"协同作用"，我们终于把大千世界中"能吃的东西"挑选了出来，形成了最初的食材。

直到今天，如果我们在日常生活中想判断一样食物到底有没有变质，最靠谱的方法仍然是"闻一闻"和"尝一尝"。在这个方面，相信自己的感觉是没有错的，毕竟它们已经进化了几亿年。

# 农耕与驯养革命：自己制造食物的时代

农业的出现，根本上是个偶然。

人们偶然地发现，自己吃剩的种子被埋在土里，等到条件合适了，就会萌发成新的植株。于是，人们有意地将食物种子埋在土里，让它自然生长成植株，再收获自己想要的果实和种子——原始种植业诞生了。

人们也是偶然地发现，可以将捕获后暂时吃不掉的动物进行驯养，给它们吃的，让它们为人类所用。然而这并不容易，因为不是每一种动物都可以成功被驯化。但人类在不断地试错中，终于找到了那些容易被驯化的动物——原始的畜牧业诞生了。

现代人类学家普遍认为，农业并不是从某一个地方诞生，再扩散到全世界的，而是各个文明独自发明的。这个过程大约发生在距今一万两千年前。在这段时期之前，也有试图驯养动物或者植物的记录，但是它们无一例外都失败了。目前的人类学家已经发现了11个独立发明出农业的文明，从非洲到地中海沿岸，再到印度、中国中南部、北美和南美，甚至大洋洲的巴布亚新几内亚，都独自发明了属于自己的农业体系。

有了农业之后，人类终于可以自己制造食物，从"狩猎—采集"文明进化到"农耕—畜牧"文明，从"居无定所"渐渐走向了定居生活，不用为了食物而奔波，人类文明从此有了继续向前发展的可能。

既然可以制造食物了，下一步当然是"改造"食物，让它变得更好吃。如何改造食物呢？当然可以通过烹饪和调味。这个我们下一节会详细讲到。还有一种办法，就是从食物本身下手：通过改变食物的基因来改造食物。

不要误会，原始人类当然不可能掌握转基因技术，但他们已经足以做到改变食物的基因了。

"种瓜得瓜，种豆得豆"，这是祖先早就领悟到的遗传现象。但每年种出来的瓜都会有那么一点区别，有的好吃，有的不好吃。那么，如果我选择今年最好吃的瓜，只用它的种子种下去，来年是不是就会收获很多好吃的瓜呢？

一旦思考到这种层面，育种技术也就呼之欲出了。基因每一代都存在随机变异，但如果每年都用最好的做种子来繁育下一代，作物的基因就被一代一代定向地改变了——朝着人类觉得更好吃的方向改变。或者换一个词，叫人工选择。

很多人都不能理解人工选择的伟大之处。简单来说，我们目前常见的所有水果、蔬菜、谷物、畜禽类，都经过了无数代的人工定向选择，才变成了我们目前看到的这个样子。它们原来的样子，可能你会很难想象。接下来我们就来看看几种蔬菜的演变图：

美洲的野生玉米

如今我们吃到的玉米

中亚地区的野生胡萝卜的根部

我们现在吃到的胡萝卜

　　这就是人工选择的力量。不仅植物如此，对于动物来说也是一样的。

　　比如说，野猪在距今约 8 000 年前被成功驯化，成为我们今天餐桌上的家猪。所以，现代的野猪与家猪形态上完全不一样。野猪比家猪体重轻，成长速度慢，有棕色长毛，背上有特征性的鬃毛，雄性还有犬齿。而家猪成长速度快，没有鬃毛，犬齿也不明显。

　　神奇的是，如果将家猪放回自然，它们的后代会呈现出一些类似野猪的特征。我们把这种情况称为"家猪野生化"。南美、新西兰、澳洲等地原来根本没有野猪的存在，人们带去的家猪野生化之后，就变成了当地的"野猪"。

但是，即使发生了野生化，家猪还是家猪。它的基因已经被不可逆地改变了。只要通过 DNA 比对，人们就能轻松分辨出，哪些是真正的野猪，哪些是野生化的家猪。

再比如说最常见的鸡。中国是世界上最早驯养鸡的地区之一。遗传学家通过比对原鸡和家鸡的基因序列，定位出了几个在驯养过程中起关键作用的基因。

比如说一个叫 TBC1D1 的基因，它的突变在人类基因组中与肥胖相关，相似地，它也可以让鸡变得更加壮硕。还有一个叫 TSHR 的基因，这个基因的突变可以使鸡一年四季连续产卵，而不是像其他鸟类那样只有繁殖期才会产卵。

有没有发现什么？对，这两个基因的突变都是"为吃货而生"的。是我们无数代的选育，让鸡的基因发生了定向改变，下更多的蛋，长更多的肉，变得更好吃。

所以说，对于物种基因的定向改造，早在远古时期就发生了。现今我们吃到的任何食物，无一不是经过这种改造之后的产物。现在很多人都比较崇尚"纯天然，原生态"的食物，觉得天然就是健康的，想方设法规避那些"人工改造"后的食物。其实这么做是完全没有道理的。

正是人类的改造，才让食物变得更加营养、更加美味。

# 味觉的调和：美味是如何征服地球的

做菜的历史，要远远早于农业的历史。早在 25 万年前，人类就已经发明了灶台，完成了从生食到熟食的革命。但是在很长一段时间内，人们仅仅止步于将东西烤熟或者煮熟，对于"怎么做东西才好吃"并没有系统的概念。

这也难怪。食物在最开始时毕竟只是人类用来果腹的。但是，从祖先们的原始宗教祭祀活动开始，我们开始有了"宴会"的需要。美食首次变成了一种带有享受、娱乐性质的事情。从这时起，食物开始拥有了美学追求：不仅要能吃，而且还要好吃；光好吃也不行，还得好看。

如何把食物做得尽可能"美"呢？烹饪技术应运而生。"烹饪"这个词，首先出现在距今 2 700 多年的《易经》里。"烹"是煮的意思，而"饪"是让食物成熟的意思。早在先秦时期，中国的烹饪技术就有了长足的发展。

相传，中国历史上第一位名厨是商代的著名丞相伊尹。他本是一个陪嫁奴隶，陪嫁到商汤，成了商汤的御用厨师。伊尹借着和商汤一起进食的机会，帮他分析天下形势，辅佐他做决策，后来就被提拔做了宰相。

当然，这些不是本书的重点。重点是，作为中华厨祖，他到底为后代厨师贡献了什么理论？有两个，一个叫"五味调和论"，一个叫"火候论"。

《吕氏春秋·本味》中记载了商汤对于调和与火候之事的论述：

"调和之事，必以甘、酸、苦、辛、咸，先后多少，其齐甚微，皆有自起；鼎中之变，精妙微纤，口弗能言，志不能喻，若射御之微，阴阳之化，四时之数。故久而不弊，熟而不烂，甘而不哝（浓），酸而不酷，咸而不减，辛而不烈，淡而不薄，肥而不腻。"

伊尹把食物的味道分成了五味：甘、酸、苦、辛、咸。这个传统维持了数千年，直到今天还是中餐厨师的准则。这个味觉分类系统和现代科学的味觉分类已经非常相似了，只不过现代科学认为辛味（辣味）不是味觉，而是热觉和痛觉的综合，而鲜味则是一种独立的味觉。

伊尹认为，想消除那些腥、膻、臊之类令人不快的味道，要通过调节火候以及香料的前后添加次序、用量多寡来决定。直到今天，我们日常做饭的时候，这些理论仍然能起到指导作用。

到了唐宋时期，中国各个地方已经形成了不同的餐饮文化，如胡食、南食、北食、川味等，各类餐馆四处林立。而到了明清时期，中国的各种特色小吃更是已经与今日无异。

说完中餐我们再来看看西餐。

说到西餐的厨子，首先要从古埃及开始说起。

虽然古埃及的饮食文化跨越了整整 3 000 年，但是他们的主食却"始终如一"地乏善可陈，主要就是面包和啤酒。人们平时吃面包，吃剩的面包就拿来酿酒。当然，那时的啤酒跟我们现在喝的完全不一样，更像是馊掉的粥。

到了古希腊时期，食物趋向多样化，比如已经出现了橄榄油和葡萄酒，但大家并没有对食物表现出更多的兴趣和追求。古希腊人认为，饮食只是为了填饱肚子；如果沉迷于饮食享受，那么头脑就会变得愚笨。换句话说，他们认为，"吃货"和"蠢货"是同义词。

与食物的地位相仿的是厨师的地位。西方历史有记载的第一名厨师出现在公元前 776 年的古希腊，可使他留名于世的竟然并不是他的厨艺，只是因为他恰巧参加了那一年的奥运会，而且获得了短跑冠军，而那届奥运会正巧是有史以来第一个有记录的古代奥运会。

到了古罗马时代，人们终于对食物开始有了追求。公元 5 世纪左右，"食谱"这种东西已经出现了，被当地人称为 Apicius，包含了一系列食物的详细配方和制作过程。之所以叫这个名字，是因为当时一位叫 Apicius 的美食家著有很多与烹饪相关的作品。他的集大成之作《论烹饪》中的食谱更是达到了 500 种之多。

古罗马的饮食相对于希腊和埃及，简直有了质的飞越。从就餐形式上说，已经有了前菜、主菜、餐后甜点之分。繁复的餐桌文化和礼仪也逐渐出现了——这些在中世纪被进一步发扬光大。一些比较复杂的技术，比如催肥鹅肝、制作香肠、制作奶酪，都是在古罗马时代被发明出来的。

说起真正把西餐的地位提升到世界顶级水准，就不能不提法国了。但法餐在古罗马时代的地位可没有现在这么高。那时的法国还处于奴隶时代，那里的人们被称作高卢人，是野蛮的象征。直到法兰克王国建立，法国的餐饮才开始有了起色。但是从中世纪一直到文艺复兴时期，法餐虽然多了很多礼仪上的繁文缛节，但仍然摆脱不了意大利餐的影子。

让法餐取得突破性进展的，是法国大革命的发生。

在此之前的厨师，绝大部分都是帮贵族打工的私厨。大革命发生后，贵族逃亡，大量私厨流落民间。这些贵族大厨就纷纷开起了餐厅。而大革命之后的资产阶级，也不像以前一样只推崇自己家私厨的饭菜，而是愿意到各种餐厅用餐，尝遍天下厨艺，再评个高下。于是，法国终于出现了真正意义上的"美食家"群体。

美食家 Alexandre Grimod de la Reyniere 在 1803 年开始出版自己的餐厅年鉴，风靡一时。每年他的粉丝等这本指南，都会像现在的"果粉"等苹果发布会一样。

后来，轮胎公司米其林嗅到了这个机遇，借着普及公路旅行的目的，也开始出版自己的权威餐厅评级指南，并且取代了前者。这也就是现在大家耳熟能详的《米其林指南》。米其林的核心优势就是"客观中立第三方"，评价餐厅不带任何利益纠结和感情色彩。直到今天，米其林的评级都是判断一家餐厅菜品品质的黄金标准。

作为世界上最公平的餐厅品鉴指南，米其林指南加速了法国餐厅的优胜劣汰。好的餐厅都希望自己能升星或者至少保住星星，于是就拼命努力做到更好；而差的餐厅则会被自然淘汰。

在这段时间里，法国涌现出一系列名垂青史的大厨，是他们的努力才使法餐的地位提升到了世界领先水平。比如卡汉姆，他将法国林林总总的酱汁分为4大基酱，写出了第一本规范法餐料理的食谱书，顺便还发明了厨师的象征——白色高帽子。

还有艾斯考菲尔，他借鉴当时工厂已经出现的流水线，创立了厨房流水线工作方法，直接将厨师的工作效率提高到前人不能及的高度。此外，他还创造了很多新式菜点。

现代不管是中式料理还是西式料理，都呈现出全新的发展态势，第一个就是融合菜和创意菜盛行，东西方交融，形成了全新的口味；第二个是机械代替手工，很多厨师的工作都渐渐被大规模工业生产所取代，比如说，越来越多的餐厅开始使用冷冻调理包代替厨师现做，虽然牺牲了一小部分口感，但节约了时间，还能保证菜品的一致性。

# 原始食品加工：保鲜是最重要的

说到食品加工，大家一定会想到大型食品加工厂的流水线，排列整齐的原料在传送带上被切碎、筛选、分装、加工成成品……是的，这是现在成熟的食品加工模式，但是有没有人想过一个问题：我们为什么要对食品进行加工呢？

在笔者看来，对食品进行加工，不管是遥远的过去、现在还是未来，主要就是满足以下 3 个目的：

- 让食物保存时间更久
- 让食物更好吃
- 让食物获得与以前完全不同的崭新口感

虽然对于现在的人来说，可能后面两点比较重要一些，但对于古人来说，第一个目的是最重要的，是"食品加工"的灵魂。

如果追溯到食品加工的源头，我们还是要重新回到原始时代。这次我们回到的时间要比农业出现，甚至比用火还要更早。

早在史前时代，人们就意识到，新鲜的食物是无法保存太久的，放不了几天就会变质。大部分变质的食物吃了都会生病。那么，怎么样才能延长食物的保存时间，让它们保存得更久、更安全一点呢？

原始人类首先发现的技巧是"风干"和"晒干"。在大风和烈日的帮助下，食物中的水分得以蒸发。缺乏水分让食物变得不再适宜微生物生存，终于可以保存很长时间不变质了。这很可能是最古老的食品加工方式。为了使干制之后的食物制作起来更方便，各个古文明都独立地发明了磨粉技术。特别是当役畜（比如驴子）被驯化之后，磨粉不再需要人工，效率也大大提高。有证据显示，人类做面粉的历史可能已经有三万年了！

火的使用使我们进入了熟食时代。所有用到火的食物加工方式，我们都可以统称为"热处理"。热处理杀死了食物中本身存在的致病菌，可以大大减缓食物腐坏的速度，增加食物的保存时间。当然，更重要的是：很多食物，熟的更好吃！

最早被发现，最简单，到现在依然流行的食物热处理方式是烧烤。当灶台、锅等器具被发明出来后，人们也自然而然地发明出了煮、炖等以水为传热介质的热处理方式。当烤炉被发明出来后，烘烤的出现也就是很自然的了。

食品加工的第一次革命发生在公元前6000年左右，那时盐被发现了。盐的获取方法有很多种。有些天然的岩洞里可以开采岩盐；地下暗河从土壤盐层中流过，形成了天然的卤水，可以打井取盐；大海和盐湖的水晒干后，也可以制得天然的海盐和湖盐。

各个古文明都在这个时间段独立发现了盐，并开始用它来处理食物。用盐腌制过的食物不仅味道好，而且能够存放很久都不变质。

盐在那时享有崇高的地位，甚至被当成了一般等价物。它的作用甚至可以堪比如今的冷链，使得食物长途运输成为可能。

当然，除了盐，糖也可以用来腌制食物。但糖的发现时间就比盐晚太多了。最早被发现的糖是蜂蜜、枫糖之类的天然糖浆，取来即可直接使用。在很长一段时间内，这些糖浆是人们获取糖的主要来源。用甘蔗来榨取糖的技术最早出现于公元前8世纪的印度。但一直到公元5世纪，蔗糖才取代蜂蜜成为人们最主要的糖的来源，这是因为在公元5世纪，人们发现了如何使蔗糖结晶成固体的方法。当然，那时的糖是粗制的红糖。将红糖精制成白糖的方法直到近代才出现。

食物经盐和糖的腌制后之所以可长时间保存，是因为盐和糖降低了食物的水活度。简单来说，水活度就是食物中可以自由活动的水分子的比例。由于渗透压的关系，大部分细菌都无法生活在水活度很低的环境里。在这种环境里，细菌体内的水会向外渗透，从而脱水而死。因此，盐和糖，其实就是最古老的防腐剂。

下面说说食用油的发现。动物油的发现肯定要早于植物油，在原始人类烧烤的时候，随着跃动的火光和滋啦滋啦的声音，动物的脂肪聚集成液滴，缓缓流下。这就是最早的油了。当然，那时的油是极其宝贵的，人们也没有想到除了吃之外，可以拿这种东西干什么。

想要获取相对廉价的植物油，需要压榨技术。这个技术在汉代才在中国出现。而就在这时，以油为传热介质的热处理方式也开始出现了，如煎、炒、炸等。当然，这些烹饪方式与现在的还是大相径庭的，比如说炒，在当时也仅仅是用来加热谷物，使它们脱水而已。"炒菜"和"油炸"变成今天这个样子，已经是明代之后的事情了。

# 进阶食品加工：妙手偶得的美味

除了上一小节中提到的那些最基本的食品加工方式之外，这个世界上还有很多加工方式是"妙手偶得"的。发现它们不仅要靠钻研，更是一种机遇和缘分。如果历史重来一遍，它们也许会早很久被发明，也许会晚很久才被发明，甚至可能到现在也没被发明。

让我们先从发酵技术说起。"发酵"作为人类最早的生物工程技术，是随着食物的保存被发现的。古人很早就知道，食物放久了会变质。但是，有的食物变质了吃后会拉肚子，甚至食物中毒；但有些食物变质了，竟然会变得很好吃！比如，变质的水果会有一股酒香，变质的牛奶会变得酸甜可口……于是，一扇新的大门被打开了。

工程师和科学家的区别就在于工程师根本不在乎具体的原理，就像那些钻研发酵技术的最早的生物工程师一样。当时的人们不用知道微生物的存在，只是根据简单的因果关系就可以迅速地改进这项技术，如时间、温度控制、避免杂菌污染，这些都是可以经过无数试验后发现最优解的。于是，我们熟悉的那些调料，如酒、醋、酱油等，还有食品，如包子、馒头、泡菜、酸菜、腌菜、腌肉、酸奶、臭豆腐、毛豆腐、臭鲑鱼等，都这样没有悬念地被发明了。当然，它们都是在很长的时间段内，各自独立被发现的。

发酵不仅会带来全新的风味，也可以增加食品的保存时间。这是由于发酵所用的细菌或真菌会成为食品中的优势菌种，这些微生物通常对人体无害，但又可以抵御致病菌对食品的侵袭。此外，发酵过后的食品，酸度往往会很大，高酸的环境也不适宜致病菌的生存。

说完了发酵技术，我们再来说说豆腐。豆腐可以说是分子料理的祖先。它的做法完全符合分子料理的定义——只是大家当时不这么说而已。分子料理就是通过物理或者化学的变化，把食材的味道、口感、质地、样貌完全打散，再重新"组合"成一道新菜。而大豆到豆腐的过程，其实就是从分子层面将大豆重新组合的过程。

目前关于豆腐起源的假说有很多，有的认为是汉武帝时期由刘安发明，有的认为是蒙古人和印度人首先发明的。但不管怎么样，豆腐的发明都是一种偶然——极有可能是一个不小心，把卤水溅到一锅豆浆里了，结果意外发现整锅豆浆居然都凝固了！从此之后，豆制品的新时代开启了。

现代的豆制品大多是用葡萄糖酸内酯和石膏来做豆腐的凝固剂的。比起使用卤水，使用这两种原料的豆腐口感更加细腻，安全性也会大很多。

除了豆腐，还有一些菜也可以算作分子料理，比如姜汁撞奶、鸡豆花。另外，松花蛋的处理方式更是源于偶然。相传，明朝初年在湖南省，有一家人养的鸭子在石灰炉里下了蛋，而这些蛋两个月后才被发现。被发现时，这些鸭蛋已经变成了美味的松花蛋。于是，人类又增添了一种新的美味。如果当时不发生这样的事情，那么很可能到现在我们都还没吃过松花蛋。

再来说说蛋糕。现代的蛋糕都是把鸡蛋打发成绵密的泡沫，配上淀粉、糖等原料烘焙而成的。而"打发鸡蛋"这样的事情，想做到并不容易。在家里做过蛋糕的都知道，做一个最经典的戚风蛋糕，需要将蛋清和蛋黄分开打发。而手工打发蛋白是一件非常费力的事情，需要用非常快的速度不停搅打，有时甚至可能需要半小时，才能打发到"干性发泡"，这期间你只能不停地搅打，其他什么事情都做不了。而干性发泡是做一块戚风蛋糕必须要达到的状态。

而做海绵蛋糕一般需要全蛋打发，顾名思义就是将蛋清和蛋黄合在一起搅打。因为蛋黄本身就有消泡的作用，所以全蛋打发往往需要更久的时间。虽然现在大家都有电动打蛋器，打发鸡蛋可以不费吹灰之力，做蛋糕简直不能再简单了。但是没有电的古人，到底是怎么发现"鸡蛋可以打发"这个事实的？或者说，发现鸡蛋可以打发的那个人到底有多无聊？

这个事情到现在还是有争议的。瑞士人认为，是瑞士的 Meiringen 小镇里首先出现了用打发的蛋白霜制作的甜点，这是在 1800 年。而法国人认为，François La Varenne 早在 1653 年就写了一个需要用到打发蛋白霜的方子。

但可以肯定的是，在此之前所有叫"蛋糕"的东西都是不用打发鸡蛋的，所以它们虽然叫蛋糕，但吃上去跟蛋饼差不多。

而将蛋白霜应用到蛋糕制作上，已经是近现代的事情了。

# 现代食品加工：科技引爆的变革

刚才我们提到，食品加工的第一次革命是盐的出现。那么，食品加工的第二次革命，毫无疑问就是科学的出现。

科学飞速发展造就了第一次和第二次工业革命，人类终于进入了工业时代。让我们先从一个小故事开始。这个故事标志着现代食品加工业的诞生，它发生在拿破仑战争时代。

那时法国大革命发生不久，拿破仑刚刚被任命为法国"内防部"总司令。而那时的法国军队，后勤是一个很大的问题，平时不仅要带食物，还要带锅灶和燃料，因为要现场做饭给前线部队吃。遇到非常紧张的战事，可能甚至根本就没时间做饭了。给养跟不上，士兵的战斗力势必会下降。

你可能会问：为什么要这么麻烦呢？为什么不能先把食物做好再带着？很简单，当时没有完善的食物保存技术，新鲜的食物放几天就会变质。如果把变质的食物给士兵吃，那后果不堪设想，所以只能现做。这就导致后勤变成了法国部队"拖后腿"的一个部门。

如果能有长时间保存食物的方法，那一切问题就迎刃而解了。

于是，拿破仑宣布，悬赏 12 000 法郎，征集可以用尽可能低成本的手段保存大量食物的方法。要知道，12 000 法郎在当时是一笔天价巨款。公告一出，很多人跃跃欲试。

有一个叫阿贝尔的巴黎人出现了。他是一个糕点师，但他不仅精通糕点制作，在葡萄酒、威士忌酿造方面也有很高的造诣。他声称能解决法国军队的难题。

阿贝尔声称，他的方法成本非常低廉，而且食物可以至少保存3个月！

拿破仑下令按照这个工艺制作一批食品，奇迹出现了：3个月后，食品依然保持着原有的美味，一点都没有腐坏！

他是怎么做的呢？答案很简单：将食物在很热的状态下装入玻璃瓶中；随后将瓶口密封，不再打开，这样食物就能保存很久了。

阿贝尔之所以能发现这个密封技术，也是出于偶然。有一次，他在制作糕点时需要先加热果汁，再拌进糕点里。他把果汁加热好，正想拌进糕点时，发现面粉没了，只好作罢。随后，他就把果汁瓶口封好，放着不再管它了。

那时他要的这种面粉非常难买，等再次买到面粉的时候，已经是一个月以后了。但当他打开那瓶放了一个多月的果汁时，他惊呆了：果汁的气味、口感竟然和新鲜的一模一样！他成功地做出了世界上第一个罐头食品。

因为这个发现，法国军队的战斗力大增。之后拿破仑帝国的军事奇迹，很可能食品罐头也起了不小的作用。1809 年阿贝尔领到奖金之后，用这笔钱创办了一家罐头工厂——这也是世界上第一家真正意义上的食品工厂。

为什么罐头可以放很久不坏呢？在当时，人们仅仅知道"食物加热后如果隔绝空气保持密封状态，就能放很久"。至于具体的原因，没有一个人知道。

直到50年之后，另一个法国人揭开了这个秘密，他就是巴斯德。他用"曲颈烧瓶实验"证明了微生物才是导致食物腐败的原因。他提出的理论现在看来很简单，概括起来就三句话：

- 微生物无处不在。
- 加热可以杀死微生物。
- 微生物能自我增殖，但不能从无到有地产生。

别看这三句话简单，在当时可是一次伟大的认知革命。从此，罐头食品可以久放的原因才真正揭开。巴斯德也根据这个理论发明了"巴氏消毒法"，成为了食品微生物学和食品保藏学的奠基人。

在这之后，很多食品都可以通过"巴氏消毒"的方法得以长期保存，比如牛奶，之前只能现挤现喝，采用巴氏消毒之后，终于可以放很久，可以售卖了。现代食品工业终于有了一次飞跃。越来越多的食品开始了工业化的进程。

但那时的食品工厂在进行加工的时候没有一套成型的规则，各个厂商都是按自己的想法来，很多操作在今天看来都是不可想象的，如生食和熟食在一起处理，员工不洗手消毒，在那时都是司空见惯的事情。而各种添加剂更是没有任何规定，只要你想放就可以随意放，放多少都是由厂商自己决定的。各种脏乱的情况比比皆是。简而言之，那时的食品工厂，比现在最"黑心"的食品企业还要黑心好几倍。

美国记者厄普顿·辛克莱在1906年出版了一本小说《屠场》，详细刻画了芝加哥当时肉类加工业中的种种不卫生，甚至有危险的行为和现象，当时在美国引起了巨大的反响，直接导致了"肉类检验检疫法案"和"1906食品药品管理法案"的通过。那时，美国召集了一些化学家和微生物学家，专门研究如何保证工厂里的食品是安全的。而这个举动，最终催生出了大名鼎鼎的"美国食品药品监督管理局"（FDA）。

随后，良好的生产规范（GMP）出现，规定了保证食品安全的最基本要求，比如生熟车间分开，员工进入车间前需要洗手等。各种和添加剂有关的规范也相继出现。比较有意思的是，一开始的添加剂规范，都是以"黑名单"的形式出现的，也就是说，只有列在"黑名单"上的添加剂才是非法的，其他都允许添加。可想而知，那时的工厂只要够黑心，完全可以钻各种空子。直到20世纪50年代，各个国家才相继把"黑名单"改成了"白名单"，即只有白名单上的添加剂允许添加，但要遵守限量；而白名单之外的都是非法添加物。

至此，食品工业终于有了法律法规的监督，再也无法随意"乱来"了。

但是，那时候食品生产的手段还相当匮乏，各种比较高端的加工技术还没有出现。现代食品工业的第二次飞跃，其实来源于跟食品不那么相关的领域：航天。

　　这一切得益于航天技术的发展和美苏的"太空军备竞赛"。当时双方都卯足了劲发展航天事业，而航天过程中有一个很重要的问题：如何保证宇航员的食物供应和食品安全。在这个方面，美苏两国都投入了巨额资金进行研究。

　　在热潮褪去之后，原本用在航天食品上的"黑科技"都被下放到了民间，我们现在常见的很多技术都是这样来的，比如喷雾干燥、冷冻干燥、真空包装、低温慢煮等。甚至目前食品工厂车间里保证食品安全的管理体系——HACCP体系，在最初设计时，也是专门给航天食品准备的。

　　现代食品工业的下一个突破点在哪里？我们还不知道。但随着人工智能和大数据的不断普及，也许它们能给食品生产、加工提供一个全新的角度。

# 秘境至味 VS 工业食品

到底是工业生产的食品好，还是手工制作的食品好？

有很多人都崇尚"自然，原生态"的食物，而认为经过工厂流水线加工的食品是"不自然"的，长期吃会对身体有损害。其实，这种担心是没有道理的。

我们现在就来给大家做一个对比评测，看看工厂生产出来的食品与大厨做出来的私房美味，到底差别在哪吧。

## / 口味

口味属于一个见仁见智的问题，往往一个人觉得好吃，另一个人却并不这么认为。但大规模的消费群体对于口味的偏好，是能够通过统计数据来获得的。

有些工业大规模生产的食品，确实不如手工制作的食品好吃。这里我们分两种情况来讨论。

第一种情况是：为了达到品质的需求。

为什么这么说呢？因为工业食品与自制食品最大的区别就是，自制食品现做现卖，而工业食品有"货架期"的存在，必须保证食物在储存、运输、售卖的漫长过程中品质不变，更不能发生变质、腐败等食品安全问题。

因此，工业食品在生产中，往往需要加入高温杀菌的步骤来确保食品安全。但有些东西一旦温度高了，口味、颜色就会发生变化。比如说果汁，在高温杀菌之后肯定就不如鲜榨出来的好喝了。牛奶也是这样，经过超高温灭菌的牛奶牺牲了一部分口味，但换来的是"常温保存半年到一年都没问题"。

但技术是在不断进步的，目前也有新的技术可以改善这个问题，高压灭菌技术就是一个例子。这种技术采用极高的压强把细菌"压"死，在这个过程中，食品的温度变化很小。因此，比起传统热处理，高压灭菌处理的果汁口味可以提高很多。

有些工业食品没有高温杀菌步骤，比如说蛋黄酱。因为蛋黄酱是用蛋黄做出来的，一旦高温，蛋黄就会发生变性，蛋黄酱的质地、口感都会有很大变化。于是，只能通过调节酸度的方式来达到防止蛋黄质变质的目的。所以，工业生产比起自家做的，可能口味就会偏酸一些。除了调节酸度，也有的工业食品采用调节水活度、调节糖度等方式来防止变质，延长货架期。它们都会在一定程度上牺牲产品口味。

第二种情况是：为了成本控制的需求。

比如巧克力、咖啡、酒类等，有些顶级手工自制的确实比工业生产的口味更好。这和货架期就没有关系了，是因为原料成本的问题。手工巧克力和手冲咖啡由于产量小，需求也小（只有资深爱好者会去选购），因此可以选择世界顶级的咖啡豆、可可豆，只要卖贵点就可以了。但大规模工业生产的咖啡、巧克力是有产量要求的，只能去选择性价比比较高、容易获得、不受季节限制的原材料，这样才能达到预定的产量。

但要注意一点：这样做比较，并不是同等价位的比较。因为在这些产品中，自制的比起工业生产的贵了非常多，带有更多"奢侈品"的属性。如果放在同等价位去比较，工业食品的口味可能反而要略胜一筹。

对于其他的食品来说，工业生产和自制往往没有多大区别。特别是腌制、发酵类产品，由于工厂对于整个发酵过程控制得比较精准，在口味上往往会更占优势。

> 口味：工业食品 VS 自制食品：平分秋色

## 一致性

一致性就是指每个批次做出来的食品在味道、品质上的差异程度。差异程度越小，一致性就越高。在米其林指南里，餐厅菜品的一致性就是评选星级餐厅的指标之一。如果同一道菜，每次做出来的品质差很多，那一致性就会比较差。

如果我们从"一致性"的角度对工业食品和自制食品进行比较，

那么无论是哪种类型，一定是工业食品获得完胜。因为工厂在生产过程每一步都是有工艺流程的，加热到多少温度，持续多少时间，这些参数都是被精确控制的，有很多参数甚至是电脑自动控制。工厂可以保证每一批次生产出来的产品在外观、口感、品质方面几乎没有任何区别。

而手工制作的话，即使是同一个大厨，即使技艺再精湛，每一批次的食物做出来，也难免会存在一定的区别。人可以通过经验，尽可能地减小这种差异，但无法达到跟机器媲美的程度。

正因为如此，有很多连锁餐饮为了使自己的产品尽可能一致，都会尽量简化后厨的操作流程，采用经过工厂加工好的半成品来制作食物。

> 一致性：工业食品 VS 自制食品：工业食品完胜

## 食品安全

和很多人料想的不同，工业食品比起自制食品，在食品安全方面也是做得更好的。吃工业生产的食品，是可以更放心的。

我们先从大家关心的食品添加剂开始说起。

大家往往一想到食品添加剂，就想到苏丹红、瘦肉精、三聚氰胺事件。其实那些东西根本不是食品添加剂，它们是"非法添加物"，是本来不应该出现在食品里面的。而真正的食品添加剂，是为了改善食品的色、香、味，或是延长食品保质期而合法添加进去的物质。

国家标准已经对各种添加剂做了明确的规定，特别是对人体有潜在危害的那些添加剂，都制定了严格的限量标准。科学家已经做了大量的实验，证明了只要在限量范围内使用这些添加剂，就不会对身体造成危害。

确实可能有一些不负责任的厂家会超量、超范围使用添加剂，但一旦被发现，就会被处以重罚，后果非常严重，轻则停业整顿，重则直接吊销生产许可证。一般来说，企业不敢轻易冒这么大的风险。而且，越是大型的企业，违法成本越高。所以，对于工业食品来说，买"大牌"要相对放心一些。

说完了添加剂，我们再来说说食品生产的过程。

工厂为了保证食品安全，从原料验收到生产工艺，再到最终产品的在线监测，都是有一套严格的流程的。工厂必须严格遵循良好生产规范的要求进行生产。有一些工厂也引入了 HACCP 计划，通过"危害分析和关键控制点"来对每一步的食品安全进行监控，确保整个生产过程中，各种可能发生的危害都被控制在最小范围内。

而自制的食品是几乎不可能达到这样严格的要求的。特别是跟发酵有关的产品，如自制酸奶、自酿啤酒与葡萄酒、自制泡菜等，不可能实现工厂里的精确温度与湿度控制，也不可能像工厂里一样只接种特定类型的细菌，完全隔绝杂菌污染。所以，经常有新闻报道自酿酒类或者自制泡菜发生中毒的案例。对于这类食物，这里建议大家都去选购工业产品，不要轻易购买自制食物。

　　工业食品的另一个好处就是可追溯性。对于在超市买到的每件工业食品，一旦发生食品安全问题，完全可以找厂家或者监管部门投诉。厂家通过生产日期和生产批次，就能追溯到整个的生产加工过程中的各种数据记录，甚至所用原材料的供应商、批次，都可以看得清清楚楚。这样就可以快速定位问题，从而解决问题，而自制食品是不可能达到这么高的可追溯性的。

　　**食品安全：工业食品 VS 手工食品：工业食品完胜**

　　总而言之，有一些工业食品在口味上略逊于自制食品，但存在技术改进的余地。而工业食品在一致性、食品安全方面都大大超越了自制食品。这是一个工业化的时代，没有必要抵制工业化潮流，一味地认为"自然就是好的"。

# 基因改造：吃货的另一种可能

我们前面说过，自从我们的祖先发明育种技术开始，人类就在定向地改变物种的基因了。但是当生物工程兴起后，我们想改变物种的基因，多了一种更简便的方法，那就是——用基因工程的手段直接修改。

这种方法的出现，离现在时间还不长。第一个转基因作物成功种植到现在，也才过了30多年。但"转基因食品"这个称呼现在看来，已经有些过时了。这是因为基因工程发展得太突飞猛进了。

一开始，科学家只能想尽办法将另一个生物中的某个基因片段"种植"到目标基因组去，让它表达出相应的性状，比如将细菌中的抗除草剂基因转移到大豆体内，大豆就获得了抗除草剂的能力。所以，人们那时称这种食品是"转基因食品"，因为外源基因确实是"转"进去的。

但现在，人类的技术已经可以实现对基因进行任意编辑了，我们可以很方便地敲除或"沉默"特定基因，也可以很方便地插入一段基因，甚至可以自己设计基因序列。美国就研制出了一种"永不褐变的苹果"，把它切开来，不管放多久，切面的颜色依然保持光亮，不会变成褐色。之所以能做到这一点，就是因为科学家把苹果中那些导致褐变的酶的基因都给"沉默"掉了，它们没法进行表达，苹果当然就不会褐变了。

像这样的例子，并没有转入什么别的外源基因，但我们也称它为"转基因苹果"，这听起来就很奇怪了。实际上，世界上大部分国家都已经用"基因改造食品"这个称呼来代替"转基因食品"了。不管有没有转入基因，只要基因被人为改造过，那么就统一称为"基因改造食品"。

让我们回到基因改造的历史。1983 年，第一个转基因作物出现了。那是一种烟草，被转入了烟草花叶病毒的耐性基因。当时，这种病毒是造成烟草作物减产的主要原因。天生抗病毒的作物对于人们来说，绝对是天大的福音。在 1990 年左右，中国对这种抗病毒烟草实现了商业化种植，也成了世界上第一个转基因作物商业化种植的国家。

美国第一个商业种植的转基因作物是一种叫"Flavor Saver"的转基因番茄，它被转入的是让番茄晚熟的基因。你可能会觉得奇怪，为什么要让番茄晚熟？早点成熟不好吗？原来，番茄采摘下来之后还要经历漫长的储运过程，普通的番茄在储运过程中很容易熟透，最后就烂掉了。而携带晚熟基因的番茄就能安然"熬过"储运阶段。

那么，如果运到超市还不熟怎么办？不要担心，在那时已经有很多对番茄进行催熟的手段了，比如说乙烯气体就是很好的催熟剂。所以，有了这个基因，人们对于番茄成熟过程就"一切尽在掌控"了。

自从这个转基因番茄被批准上市并获得成功之后，各种类型的转基因作物陆续被研制出来。其中比较常见的是抗病毒或抗虫的作物，比如说转入了苏云金芽孢杆菌抗虫蛋白（简称 Bt 蛋白）的土豆、玉米、棉花，转入了抗番木瓜环斑病毒的番木瓜等。

还有一类比较常见的就是抗除草剂作物。因为作物本身也是草，所以使用一般除草剂除草的过程，对于作物通常"杀敌一千自损八百"。孟山都公司就解决了这个问题。他们的王牌产品有两个，一个是草甘膦除草剂，另一个则是基因改造过的"抗草甘膦作物"。两样配合使用，除草这件事就变得相当简单了。

刚刚我们说的这些转基因手段，本质上都是为了增产。但对作物转基因的目的其实不止增产，有一部分转基因的研究致力于增加食物的营养价值。

"黄金大米"就是这样一个例子。它转入的是 3 个生产 β 胡萝卜素的基因。这样稻米中就会含有丰富的 β 胡萝卜素。这有什么用呢？原来，这种物质是人体用于合成维生素 A 的前体物质，也就是说，吃下这种物质之后，人体内就会源源不断地生成维生素 A。而在贫困地区，维生素 A 缺乏是一种很普遍的情况，每年能导致好几百万人的死亡。如果给贫困地区的孩子吃上黄金大米，那他们维生素 A 缺乏的症状很可能就会得到很大改善。当然，"黄金大米"目前还处于研发阶段，并没有推向市场。

我们刚才提到的所有转基因食品都是植物，那么有没有"转基因荤菜"呢？有的。2015 年，世界首款商用转基因三文鱼（大西洋鲑）成功在美国上市了。它被转入了另一种三文鱼（太平洋帝王鲑）的生长激素控制基因。普通大西洋鲑需要 3 年才能长到的体重，这种转基因三文鱼只需要 15 周到 18 周就可以。更重要的是，它比起普通三文鱼吃得更少。

目前，关于基因改造食物的争议主要是关于安全性方面的。那么，基因改造食物相对于普通食物，真的更不安全吗？

其实，对于这种新出现的食物，各个国家的政府和科学界也是慎之又慎。举个例子，如美国，一个基因改造食品在得到 FDA 审批通过得以上市之前，需要经过严格的急、慢性毒理学实验和致敏性测试，确定没有问题了，才能获准上市。你别说，还真有基因改造食物死在了"致敏性测试"这一关上。因为转入了外源基因，所以表达了外源蛋白，而有些外源蛋白本身就是致敏原，所以这样的食物会导致过敏。

最终通过测试的基因改造食品，我们就可以断定它对人体是安全的了。但还是有人不放心，认为基因改造技术面世的"时间还不够长"，所以也许会有一些东西没有考虑到。但是，目前没有任何一篇可靠的科学论文给出了"基因改造食品有害健康"的证据。就连美国 FDA 都确立了"实质等同"原则，说只要是 FDA 批准的基因改造食品，跟普通食品并没有什么本质上的不同。

基因改造食品的另一个争议是它可能造成环境问题，种子的随意散播很可能导致基因污染现象，从而影响地球生物圈。这个问题确实存在，而且比起"安全性"，它才是更现实和更需要解决的问题。好在人们目前对于转基因作物都采取了严密的隔离措施，防止它们和普通作物进行种子交流，这样就能把基因污染限制在很小的范围内。

目前，美国已经成为了基因改造食物生产和消费大国。截止2017 年，美国市场上已经有 92% 的玉米、94% 的大豆都是经过基因改造的。如果在美国生活，想完全不吃到转基因食物，是几乎不可能的事情。

中国目前审批通过，可以在市场上买到的基因改造食物有以下几种：大豆、玉米、油菜、甜菜和木瓜。注意：这不是说只要是这几种东西，就一定是基因改造过的，只是说存在基因改造的品种。中国对于基因改造食物的审核也是很严格的，批准上市的基因改造食物，目前都没有发现对人体有任何伤害。总而言之，可以放心食用。

基因改造食物是未来的趋势，但目前它更多的是引起民众的恐慌。这就好比，清朝末年，当人们第一次见到照相机的时候，也是如此惊恐，认为被照相的人是被"摄取了灵魂"。这就是为什么我们现在看到清朝老照片中的人物都是目光呆滞或者面露惊恐的原因。

新的技术总是伴随着新的恐慌，而恐慌的根本原因是对这项技术缺乏了解。而科普者所能做的，就是把这种技术的方方面面都用最通俗的语言告诉大家，让大家知道，基因改造并不可怕，它只是人类祖先育种技术的一个自然延续。

第二章

# 不上当的技术

所谓超级食品，就是超级"智商税"

# 水果界的六大谣言

要说世界上最受欢迎的食物种类是什么，相信很多人都会投水果一票。的确，水果既美味又健康，是很多人，尤其是女生每日必备的食物摄入。但就因为它的普遍性，人们往往自以为非常了解水果，从而忽视了一些存在已久的误区。于是，在这一章的开始，就让我们一起来细数一下水果界存在的十大谣言吧。看看在这些年里，你信过多少有关于水果的非真实信息。

## 多喝果汁有利身体健康

**真相：其实不利。**

人们往往会认为喝果汁有利身体健康，所以有些人每天会大量喝果汁，甚至把果汁当水喝。其实，这种做法很危险，因为这样会使一个人在不知不觉中就摄入了远超一天需要量的糖。

大家都知道，可乐是导致肥胖和糖尿病的罪魁祸首之一。为什么会这样呢？这其实跟"碳酸"没啥关系，而是因为可乐里面的糖太多了。

我们就拿可乐做基准来比较吧。可乐的含糖量一般在 9% 左右；而苹果汁、梨汁的含糖量一般在 10% 以上；甘蔗汁的含糖量甚至可以达到 17%～18%；就连含糖量比较少的橙汁，其含量也差不多有 7%，跟可乐差得不远。

有人会问，喝果汁跟吃水果，摄入的糖分没什么区别啊。这么说的话，大量吃水果也不健康？

其实事情没那么简单。如果是直接吃水果，因为有大量膳食纤维的存在，我们很快就会觉得饱，从而不再吃了。而果汁的问题在于，它几乎不会提供饱腹感，但糖一点也没少，这就会让大家无意中摄入很多的糖。

还有一点就是，同样是糖，如果跟纤维等物质"黏"在一起，我们的消化系统想消化吸收它就要稍微困难一些；而如果是游离存在的话，就连消化都不用了，会瞬间被吸收。

果汁中的糖分就属于"游离糖"，吸收速度非常快。世界卫生组织建议，成人和儿童游离糖摄入量应减至摄入总能量的 10% 以内。如能进一步将其降至低于摄入总能量的 5%，会给健康带来更多好处。

我们把上面那句话翻译成具体的例子：假设苹果汁是你每天摄入游离糖的全部，那么世界卫生组织建议你每天只能喝 2 杯，如果只喝 1 杯，会更有利于身体健康。

所以，果汁适量喝（比如每天喝 1 杯），可能对健康有好处；但长期大量喝，那就会加大患肥胖症、糖尿病、心血管疾病的风险。

## 水果酵素可以清理肠道菌群

**真相：其实没什么用。**

"酵素"这个词，本身跟发酵没什么关系，就是"酶"的日本叫法。酶是什么？它就是一种特殊的蛋白质，可以对身体里的化学反应起到催化的作用。简而言之，它就是"生物催化剂"。

有些"酵素"里声称含有对人体有益的"酶"。但是，既然酶是蛋白质，那自然是躲不过消化系统的摧残的。经过胃和小肠的消化之后，所有的蛋白质都会断裂成短肽和氨基酸，不可能再具有"催化"的功能了。

而大家经常见到的所谓"水果酵素"，其实跟"酶"一点关系也没有，就是一些果汁或者水果提取物的混合，有些会带有发酵过程。它们其实就是一种"发酵水果汁饮料"，那些所谓的"保健作用"，没有一个是能得到实验验证的。

还有一种是在家里自制"水果酵素"，拿瓶子自然发酵的做法。这种做法其实非常危险，因为家里缺乏工厂的精密环境控制条件，万一温度、pH控制不好，造成杂菌污染是非常可能的。到时候你得到的就不是"酵素"了，而是一瓶细菌培养基。

所以，读者们，你们家里的那一瓶子水果酵素，其实就是细菌的天堂，一个大型的细菌培养基！

## 草莓空心是因为打了膨大剂

**真相：其实真不是！**

有很多因素都会导致草莓空心，有些品种的草莓心里本来就是空的，这辈子都填不满。而有些空心、畸形的草莓可能也和授粉不足有关系。

当然，有些果农会给草莓打膨大剂。请注意，膨大剂不是非法添加剂，是一种非常常见的合法农药，在很多水果蔬菜中都会用到，学名叫做氯吡脲（CPPU）。膨大剂是植物生长调节剂，可以增加植物细胞的分裂速度，但对动物细胞没有作用。想用膨大剂增肥和丰胸的小伙伴们可能要失望了。

目前没有发现膨大剂对人体有任何的不良影响。

## 圣女果是转基因得到的

**真相：圣女果才是番茄的祖宗。**

是的，你没看错，在世界还没有人类涉足的时候，圣女果早就在茁壮生长了。而我们常见的那种大番茄却是不存在的。大番茄是一代又一代人工选择和育种的结果。换句话说，我们人为地改变了番茄的基因组，才让番茄变得像现在这么大。

但是，在逐渐变大的同时，番茄的香味和特征风味却在逐渐减少。终于有一天，人们想起来，还有野生番茄的存在，于是把野生番茄改良之后，称作"樱桃番茄"推向了市场。

后来，商家可能觉得"樱桃番茄"这个名字不够洋气，就把它改成了"圣女果"。

转基因的番茄也有，美国和中国都有批准上市。但是，要说转基因的圣女果，这个真没有。

所以，在"谁才是爸爸"这个问题上，圣女果才是正确答案。

## 空腹不能吃水果

**真相：世界上大部分"空腹不能吃 XX"都是谣言，包括这条。**

空腹其实没有那么多禁忌，唯一需要注意的是，空腹状态下，很多食物中特殊成分的吸收速度会快一些。所以，空腹喝酒更容易醉人，而空腹喝咖啡会更容易导致心跳加快、手抖等症状。

饭前吃水果其实从某种方面来说是有好处的，因为水果可以带来一部分的饱腹感，让你能少吃点饭；长此以往，可能能达到"摄入更少卡路里"的目标。当然，这是理论上的可能，还没有经过严谨的实验证实。

## 柠檬汁可以阻止牛油果褐变

**真相：没有什么可以阻止牛油果褐变。**

牛油果刚刚被切开时呈淡绿色，富含光泽，看着就很有食欲，但是只要在空气中放一会儿，就会变成非常难看的黄褐色。这个现象在墨西哥牛油果酱中体现更明显，这也是制约牛油果制品大规模生产的关键因素。

其实，日常生活中有很多"小窍门"能防止牛油果褐变，比如往上面淋些柠檬汁或是把牛油果泡在水里。但是，这些"小技巧"通常也只是暂缓褐变速度而已，牛油果该褐变还是会褐变。

与牛油果命运相似的还有苹果，只要把切开的苹果放在盘子里，不用很长时间就会有"生锈"般的褐色生成。与牛油果一样，苹果褐变的问题也一直没有得到解决，直到转基因技术的出现。

美国 FDA 批准上市了全世界第一种转基因苹果。这种苹果就算放置再长时间，也能保持鲜亮的光泽，永远不褐变。

怎么实现的呢？说起来也不难。大家都知道，褐变来自于酶促反应，是果肉中的酶参与的复杂化学反应的结果。我们如果能想办法把导致褐变的酶去掉，水果是不是就不会褐变了呢？

于是，科学家尝试把指导那种关键酶合成的基因给"沉默"了，用"正义抑制"的手段阻止它表达，才创造出了永不褐变的苹果。

牛油果可以用类似的方式实现吗？目前暂时还没有，不过未来可以期待！

# 有些"纯天然"，其实更不健康

如今，随着"纯天然"这个概念的盛行，不少人开始迷信起小作坊生产的东西，如植物油，很多人，尤其是我们身边一些年纪大的老人，开始相信小作坊里卖的现榨油，说这种油别有风味，炒菜时还能起很多泡泡，一看就和超市里那些机器加工的油不一样。可事实是什么呢？这种纯天然不加防腐剂的油，究竟是否安全呢？又能存放多久呢？

在这里，我们的回答是，这种油的重点并非能存放多久，而是究竟是否安全，换言之，究竟能不能吃？

那么，为什么这种油会有很多小泡泡，尝起来还别有一番风味呢？因为不够纯啊！油里面含有其他沸点比较低的杂质（比如水），在达到杂质的沸点时就会起泡了。纯净的油应该是澄清透明，没有异味的；如果有风味（或者被称为"异味"更妥当），就是"不纯"的体现。

那么，为什么不纯呢？答案也很简单，没有设备提纯啊！

工厂榨油，为了使油达到国标要求的品质，必须经过精炼工艺，把油脂中的杂质去除。而小作坊压根没有精炼设备，当然不可能达到"精炼油"的纯净度。

除了易起泡和有异味之外，这样的油发烟点还会特别低，很容易冒烟，基本无法作为油炸用油来使用。

当然，土榨油小作坊存在的问题远远不止这些。下面说几个比较有代表性的：

### 掺假问题

土榨油作坊掺假问题非常严重，如花生油作坊经常会在油中掺入大豆油、棕榈油甚至动物油脂；至于香味，则是通过添加香精的方式来解决的。

### 多环芳烃超标问题

榨油需要先将原料炒制，再进行物理压榨。如果炒籽温度无法精确控制，容易产生多环芳烃（如苯并芘等）。这类物质是Ⅰ类致癌物，具有非常强的致癌作用。

根据食药监局的检测结果，很多小作坊生产的油中多环芳烃含量超过最大限量2倍以上。

### 黄曲霉素超标问题

黄曲霉素在发霉的花生和大豆中非常常见，它是油脂成品质量检测的必检项目。通常工厂在压榨植物油之前，会对原料进行严格监测，确保没有霉变的原料。而小作坊缺乏严密的监测机制，难免会有发霉原料混入其中。

黄曲霉素是非常凶险的毒素，毒性比砒霜和氰化物都要大得多。它主要伤害肝脏，急性中毒会导致肝脏出血性坏死，而长时间低剂量的慢性中毒也会导致肝硬化等问题。

黄曲霉素不仅有毒性，还是世界上最强的致癌物之一，能诱发身体各个不同部位的癌症，包括肝癌、胃癌、直肠癌、乳腺癌、肾癌等。

黄曲霉素很难从食物中彻底被铲除，因此各个国家都制定了非常严格的限量标准。在中国，花生油的黄曲霉素不能超过 20 微克每千克，大豆油则不能超过 10 微克每千克。

小作坊的"土榨油"中，黄曲霉素含量可能会"高得离谱"。《焦点访谈》曾经调查过花生油小作坊，发现了一些黄曲霉素超标 6 ~ 8 倍的花生油。

### 其他问题

小作坊还有很多地方是非常堪忧的。比如说，小作坊的卫生条件如何得到保证？在制油过程中如何保持设备洁净？会定期清洗设备吗？它们如何防止害虫？如何防止微生物污染？

油厂在精炼之后通常直接将油进行灌装并密封，而小作坊的油是敞口放的，客人来买再现场舀进瓶中。在这种情况下，油会接触大量氧气和阳光，如何防止油氧化酸败？

油脂本身未经过精炼，导致有很多杂质溶在油中。这本身就会加快油脂酸败进程。这样的油，拿回家能放几天？

有很多小作坊用回收的一次性塑料瓶来作为装油的容器。这种塑料瓶的安全性如何保证？

## 总结

　　人们总是觉得"眼见为实"，认为纯手工制作，看得见、摸得着的东西才是最天然、最健康的。实际上，那些"小作坊"生产的东西有时是最危险的。不只是油，还有牛奶、腊肠、腌菜，大部分的"加工食品"都是一个道理。

　　当然，这并不是说所有的小作坊都一定是危险的，我相信也有很多小作坊是本着为顾客负责的态度，从原料到加工都严格把关的。但是，我们仅从规模和从业人员专业程度来看，如果选择了小作坊，我们就要承担更多的食品安全风险。

　　在思考这些事情的时候，我们不妨想想"违法成本"的问题。如果是知名大公司，它的违法成本是多少？如果是路边小作坊，它的违法成本又是多少呢？

# 越吃越瘦的"负卡路里食物"真的存在吗？

现在很多食物被称为"负卡路里食物"，这是真的吗？

众所周知，只要是"食物"，大都具有一定的热量，因为这是作为"食物"最基本的意义所在：它们满足了我们每天的能量所需。

但在今天，大家关心的问题往往是"能量摄入过多"。于是食品公司贴心地开发出了一系列"0 卡路里食物"，这些食物本身不具备热量，吃了也不会长胖。

但如果说一种食物的卡路里是"负的"，这听起来怎么都让人难以置信。因为这样的食物吃下去，不仅不会"产生热量"，而且会"消耗热量"。换句话说，这样的食物会越吃越瘦！而且吃得越多，就会变得越瘦！

别说，这还真不是魔法。这种神奇的食物在理论上确实是具有可行性的。这是怎么回事呢？原来，我们在计算卡路里的时候，常常漏掉了一个关键的因素：身体在消化吸收食物的时候是要消耗能量的！

人体在消化吸收食物时消耗的能量，被称为食物热效应。吃完饭如果你觉得全身发热，那一定程度上是食物热效应的贡献，那是你的身体为了消化食物所付出的能量，最终变成了热能。

食物热效应跟很多因素有关系，比如说，食物种类不同，热效应也不一样。蛋白质的热效应最高，在消化蛋白质时，25%～35%的能量都转化成了热；脂肪和糖类就要低一些，是5%～15%。

当然，这只是人们平均起来的情况。如果具体到某个人，数据可能会千变万化。有些人不管吃什么，食物热效应都很高，有些人则一直保持很低。

如果存在一种食物，它的热效应超过了100%，那么我们吃下这种食物时，身体因消化过程而产生的热，就会比食物本身的能量还多。

举个简单的例子，我们吃下100卡路里的白糖，身体为了消化这些白糖，消耗了10卡路里的热量，这时白糖的热效应是10%。

我们吃下100卡路里的食物X，为了消化食物X，身体居然消耗了150卡路里的热量，这时食物X的热效应就是150%。

这时，食物X就成了"负卡路里食物"，吃进去不但不产生能量，反而消耗能量。也就是说，吃得越多，耗能越多。

网上有很多食物都被称为"负卡路里食物"，最常见的有芹菜、苹果、菠菜等。也有人称乳制品和燕麦是负卡路里食物。

但残酷的事实是，常见的水果、蔬菜、乳制品和谷物中没有任何一种食物的热效应能超过30%。比如芹菜，它的食物热效应平均也只有15%左右。也就是说，消化这些食物并不需要费太大力。

简单想想，如果这些食物的热效应能超过100%，人们为了消化这些常见食物付出的能量比它们本身的能量还多，那么人类是怎么撑到今天的？

那么，"负卡路里食物"难道真的不存在吗？不能这么说。我们常见的一种食物就符合这种要求，它就是冰水。

冰水本身不含热量，卡路里为 0，但身体为了把它加温到体温，要消耗一定的热量——所以它的卡路里应该是负的，完美符合要求。

但这对瘦身并没有什么用，毕竟喝一整杯冰水，消耗的能量也只有 2 千卡。如果想靠这个减肥，一天至少也要喝掉 100 杯冰水才行。如果你真的喝了那么多冰水，现在应该已经因为水中毒躺在医院的重症监护室里了。

除了水，还有一些东西也不包含热量，比如说纯的纤维素。这种东西不会被人体消化吸收。但是，胃肠蠕动需要消耗能量。如果你吃掉一大堆纯纤维素，会因此而额外消耗一定的能量。但这种方式的缺点也显而易见——它并不好吃啊。吃纯纤维素的感觉跟吃土几乎没什么区别。

好吧，既然这条路走不通，我们就换条路想想吧：前面我们有提到，有些人不管吃什么，食物热效应都很高，这种人消化食物更"费力"。有些人则一直保持很低，消化食物比较"省力"。

有没有什么办法，能够让我们消化食物时变得"费力"一些？这样不管吃什么，我们都会消耗很多热量，从此再也没有减肥的烦恼了！

这个可以有。有很多篇论文都提到了同一点，那就是——多运动！不管是长时间有氧运动还是短时间无氧运动，都能有效提高人体的食物热效应。换句话说，如果运动之后再吃东西，那么吃东西时消耗的热量也会变多！

有可能超过 100% 吗？

希望渺茫。人们每锻炼 1 小时，增加的"食物热效应"带来的能量消耗也只有 7 ~ 8 千卡。这个数值和锻炼本身造成的能量消耗都不在一个数量级上。

既然现在的"负卡路里食物"都是水货，那未来可能造出真正的"负卡路里食物"吗？

笔者认为是可行的，但是很难。如果想要达到食物热效应大于100% 的目标，除了需要这种食物本身能量极低，而且要拥有"改变能量代谢"的本领。换句话说，这样的食物可能已经不是食物，而具有某种"药物"的特征了。

从另一个角度想，如果大家都想要靠"吃"来减肥，其实实现的手段很多，不一定非要摄入"负卡路里食物"。比如说，摄入一些富含"可溶性纤维"的食物也是可行的。

这是因为，食物中的"可溶性纤维"可以增强食物的饱腹感。这样我们每餐吃得少了，总的卡路里摄入也就少了。这其实比"负卡路里"来得靠谱多了！

常见的粗粮和蔬菜都富含可溶性纤维。现在有很多饮料会特意添加可溶性纤维，并标榜自己为"减肥饮料"。其实它减肥的原理很简单，只是增加了你的饱腹感，让你吃得少一点。

网上一直流行着三餐只吃苹果的"苹果减肥法"和三餐只吃香蕉的"香蕉减肥法"。对于这种类似的"单一食物"减肥方法，短期内可能成效显著，但长时间很难坚持，之后很大可能会反弹。

所以，想靠谱减肥，还是要控制能量摄入加多运动，不要盲目相信一些奇奇怪怪的"减肥秘方"。

**总结**

1. 网传的"负卡路里食物"不靠谱，它们不会使人越吃越瘦。

2. 真正的"负卡路里食物"是存在的，比如冰水和纯纤维素等。但它们带来的"减肥效果"微乎其微，可以忽略不计。

3. 每个个体的食物热效应都有差异。多运动可以增加食物热效应（虽然很少）。

4. 如果想用"吃"来减肥，也可以摄入一些"可溶性纤维"来增加饱腹感，但千万不要相信那些奇奇怪怪的"减肥秘方"。

# 胶原蛋白真的能让你青春永驻吗？

在爱美人士看来，胶原蛋白往往是具有神奇效果的。它不仅可以让肌肤柔嫩，还能丰胸美白，延缓衰老。它既可以外敷，又可以内服，简直是神通广大，无所不能。

但是，如果从技术型吃货的角度看胶原蛋白，可能会令人大跌眼镜——作为一种最常见的蛋白质，它好吃，制备方便，但是营养价值并不高！这一切究竟是怎么回事呢？

接下来，就让我们扔掉各种商业包装，认识真正的胶原蛋白。

## 胶原蛋白究竟是什么？

胶原蛋白是哺乳动物体内最常见的蛋白质之一，占整个动物体总蛋白质的 20%。胶原蛋白更是占据了皮肤干重的 70% 以上。除了皮肤之外，它还广泛分布在骨骼、肌腱、软骨等处，为身体提供一种支撑和保护的作用。我们平时吃的很多美食，主要成分都是胶原蛋白，如牛筋、猪蹄、鱼翅等。

胶原蛋白不仅能变成餐桌上的美味，更是一种最常用的食品添加剂。大家可能对明胶不熟悉，但是爱烘焙的人一定听说过"吉利丁"和"鱼胶粉"，其实它们都是明胶。

明胶的主要成分就是胶原蛋白，制作它很简单：找一堆猪骨、鱼骨、牛骨、猪皮、牛皮之类的东西，用大火熬煮，骨和皮中的胶原蛋白就会在高温下分解成多肽，溶在水里。这时把水煮干，就得到了明胶。我们平时吃的大部分果冻和布丁，都是用明胶作为胶凝剂做成的。

有一件比较有意思的事情：植物体内是没有胶原蛋白的。由于明胶全是从动物提炼出来的，所以也被称为"动物胶"。这导致了一些比较严格的素食主义者是不吃明胶的。另外，普通的明胶并不是清真食材，因为可能提取自猪骨和猪皮。考虑到伊斯兰教和犹太教的教徒需求，现在也有很多由"清真明胶"或者"符合犹太教教规的明胶"制成的食品。

## 为什么说胶原蛋白营养价值不高？

说到胶原蛋白的营养，还要从氨基酸序列的构成说起。人体的蛋白质都是由20种基本氨基酸构成的，这20种中，有一半的氨基酸人体都可以自己合成，不需要从外界摄入。但是，有8种氨基酸人体自己是搞不定的，必须通过食物来获得，这些氨基酸就被称为必需氨基酸。

我们平时吃的大部分肉类、鸡蛋、牛奶的蛋白质中，都含有全部种类的必需氨基酸，而且配比合理，可以满足人体各个机能所需，

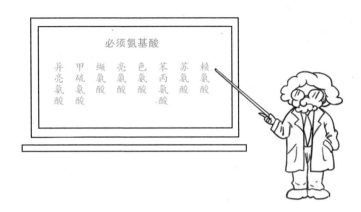

我们就把这些蛋白质称为完全蛋白质。

但是，胶原蛋白并不是完全蛋白质，它缺少一种维持生命活动至关重要的氨基酸——色氨酸。

色氨酸是合成神经递质 5- 羟色胺的前体物质，在人体中有非常重要的生理作用。

除此之外，必需氨基酸中的甲硫氨酸、苯丙氨酸、异亮氨酸和苏氨酸，在胶原蛋白中含量都很低，难以满足身体需求。如果把胶原蛋白当做唯一蛋白质来源，那么生命活动是无法维持的。所以，胶原蛋白的营养价值低于鸡蛋、牛奶等完全蛋白质，它的营养价值并不全面。

## 吃胶原蛋白能美容吗？

先说结论：目前还没有口服胶原蛋白对皮肤有好处的证据。无论是普通的胶原蛋白还是商家宣传的所谓"小分子胶原蛋白"以及"胶原蛋白肽"，目前都没有这方面的有力证据。

你可能会说，目前没有证据，不代表今后也没有证据呀，确实如此。但是从人体的生理机制看来，这种情况的可能性很低，为什么呢？我们要从蛋白质的消化过程开始说起。

蛋白质的消化在胃里就开始了。胃蛋白酶会把蛋白质分解成小分子的多肽，再经过胰蛋白酶和肠肽酶的继续消化，最终成为一个个的氨基酸被人体吸收。

当然，小分子多肽也能被人体直接吸收进血液，这一点经常被拿来作为"小分子胶原蛋白"对人体有效的证据。但是别忘了，即使是吃下完整的胶原蛋白，到了小肠，也就成了"小分子胶原蛋白"。所以这种产品顶多是把中间的消化过程省了，吸收率可能会更高，但最后进入人体内的都是一样的东西。

不管是多肽还是氨基酸，进入细胞之后都会成为细胞工厂的基本"零件"，重新组装蛋白质。组成新胶原蛋白的"零件"可以来自我们吃进去的任何蛋白，也可能来自于身体本身蛋白的分解。所以，不管是吃胶原蛋白得到的多肽和氨基酸，还是吃别的蛋白质得到的多肽和氨基酸，细胞利用它们是平等的。

脸上出现皱纹确实与缺少胶原蛋白有关，但这涉及细胞的衰老机制，是一个很复杂的过程。可以肯定的是，对于衰老的皮肤细胞，那些游离的氨基酸"零件"肯定是不缺的，但细胞可能失去了"把这堆零件组装成胶原蛋白"的能力。这就好比一个工厂的机器老化了，你不停地去采购更多的零件，也不会让组装的速度更快啊。

目前生物学家也没有完全弄清楚引起细胞衰老的机制。如果这个机制被弄清了，未来可能能研发出有针对性的抗衰老药物，那这种药物才有真正让皮肤"保持青春"的功效。

所以，至少在目前，在没有足够的证据下就去鼓吹胶原蛋白对美容有效，是极端夸大的宣传，也是对消费者极度不负责任的行为。

## 与其跟胶原蛋白较劲，不如多补充点维生素 C

既然胶原蛋白吃下去没什么用，直接涂脸上行不行呢？

其实道理是一样的，大分子蛋白质是难以穿透皮肤屏障的。小分子氨基酸即使能穿透皮肤屏障，成功进入到细胞内，命运也和刚才说的一样，只是被当成制造蛋白质的"零件"而已。机器老化了，零件再多也没用啊。护肤品牌雅芳在 2012 年就收到过 FDA 的警告，因为它在产品上注明："该产品由能修复受损皮肤组织的新胶原蛋白构成。"毫无疑问，在 FDA 看来，这是一种欺骗消费者的行为。

那么，胶原蛋白是不是跟美容一点关系也没有了呢？其实也不是。把胶原蛋白直接注射进皮肤里作为填充物的整容手术还是有作用的。所以，"注射"是目前唯一被证实有效的胶原蛋白美容方法。

如果真的想让皮肤变好，该怎么办？在这里给大家提供一个小知识：有的时候，皮肤不好也不一定是衰老导致的，还有可能是因为缺乏维生素 C。

这是因为胶原蛋白的"组装"过程必须要有维生素 C 这条"机械臂"的帮助才行。如果人体内的维生素 C 含量不够，那么胶原蛋白就无法成功组装了，这样就会造成皮肤中胶原蛋白含量减少。表面上看是缺胶原蛋白，实际上是机器断了条"机械臂"。

多吃一些富含维生素 C 的蔬菜和水果，可能会发现皮肤变好了。这说明皮肤没有老，只是缺维生素 C 而已。

## 总结

1. 胶原蛋白生活中很常见，明胶就是胶原蛋白的一种。

2. 胶原蛋白中的氨基酸含量、比例不均衡，不是比较"有营养"的蛋白质。

3. 口服胶原蛋白和吃其他类型的蛋白质，细胞利用的方式没有区别。

4. 退一万步说，就算吃胶原蛋白对美容真的有效，吃那些公司所谓的"小分子胶原蛋白"产品和啃猪蹄牛筋，最后吸收进人体的"胶原蛋白肽"并无区别。

5. 维生素 C 可以促进身体里胶原蛋白的合成。

# 深度揭"蜜"：关于蜂蜜，你不能不知道这些

蜂蜜算是历史最悠久的甜味剂了，作为最常见的食物，关于它的各种保健"功效"和所谓的"相生相克"之物也层出不穷。很多人都说蜂蜜能强身健体，美容养颜。平常在朋友圈，我们也能看到诸如"蜂蜜不能与生葱、鲫鱼、豆腐、大米、洋葱甚至豆浆等同食"的警告。甚至还有传言说，蜂蜜不能用开水冲服。这些说法究竟有多靠谱呢？要了解这个问题，我们首先得知道蜂蜜到底是什么。

## 蜂蜜是什么？

蜂蜜是蜜蜂在蜂巢中精心酿制的蜜，是百花中的精华。这么说确实也没有什么不对。不过，如果从科学角度去分析蜂蜜的主要成分，可能会让你有些失望。

蜂蜜的主要成分是葡萄糖和果糖。不同种类的蜂蜜这两者比例可能稍有不同，但总体来说，果糖占蜂蜜总重量的38% ~ 55%，葡萄糖占31%左右。除此之外，蜂蜜中还含有一些麦芽糖和蔗糖等。所有这些糖类加在一起，占了约82%；剩下的主要是水分，约占17%。蜂

蜜中蛋白质、维生素、矿物质等含量极少，加起来也只占约1%。

也就是说，蜂蜜相当于糖：水等于5∶1的糖浆，并没有什么"特殊"的成分。

## 蜂蜜和生葱同食会送命？

据说，《本草纲目》有记载，蜂蜜和生葱同食，产生的毒性足以致命。这是真的吗？

大家熟悉了蜂蜜的构成以后，问题就变成：这种富含葡萄糖和果糖的液体，会与生葱之间发生什么化学反应并产生有毒物质吗？

很遗憾，答案是并不能啊。

很简单，因为生葱本身也含有葡萄糖和果糖，如果真的能反应出有毒物质，那生葱本身吃多了就会致命。而且，葡萄糖、果糖以及蜂蜜中少量存在的蛋白质、维生素、矿物质等，其实在各种食物中都普遍存在，如果真的会产生反应，那和生葱相克的东西少说也要列出上千种来。实际上，我们到现在并没有发现哪种常见食物里含有的物质能和生葱反应产生毒素的。

而对于韭菜、鲫鱼、豆腐等食物来说，道理也是一样的。蜂蜜其实并没有什么"特殊成分"可以与这些食材之间发生反应。

## 蜂蜜不宜用开水冲服？

我们在网上经常能看到这种说法：用沸水冲服蜂蜜，就会使蜂蜜中的酶类物质遭到破坏，产生过量的羟甲基糠醛，从而破坏掉蜂蜜中的大部分营养成分。另外，用沸水冲服蜂蜜，还会改变蜂蜜甜美的味道，使其产生酸味。

**首先，蜂蜜里含有酶吗？**

是的，蜂蜜里确实有酶的存在，主要有淀粉酶、蔗糖酶、葡萄糖氧化酶、过氧化氢酶和酸性磷酸脂酶。这些酶在蜂蜜中都是极其微量的。而且开水确实会破坏这些酶，让它们变性失活。

可是问题来了：如果这些酶不变性失活，被我们吃到肚子里，就会对健康有好处吗？

大家知道，酶本身是一种蛋白质。所有的蛋白质在消化道里都要经过各种消化酶和环境的"洗礼"，最后被分解成小分子的多肽和氨基酸，才能被人体吸收和利用。而不管是什么蛋白质，最后分解成的氨基酸只有那么20多种。因此，就算那些酶没有失活，吃进去也不会比摄入普通蛋白质更有好处。在这里顺便提一句：由于上述原因，那些宣称"富含××酶，对健康有好处"或是"富含××蛋白，对健康有好处"的食品或者保健品，实际上都不足以为信。

**那么，羟甲基糠醛是什么呢？**

大家可能对这种物质不是太熟悉，它其实是反映蜂蜜品质的一个指标。蜂蜜的两大成分——葡萄糖和果糖在高温下会发生缩合反应，产生这种物质。如果蜂蜜中这种物质比较多，说明蜂蜜可能不太新鲜了。但这也仅仅是一个"指标"而已，羟甲基糠醛这种物质并不会对人体产生危害。

　　用开水冲蜂蜜，羟甲基糠醛确实可能会略微升高。但说到底，这只是"极少部分葡萄糖和果糖缩合到了一起，产生了另外一种物质"而已。而且，这种物质对身体完全无害。

**用开水冲泡蜂蜜，会改变蜂蜜甜美的味道吗？**

　　这是真的。为什么呢？那就要说到果糖的甜度特性了。果糖有一个有趣的现象，当温度上升时，它的甜度会急剧下降。

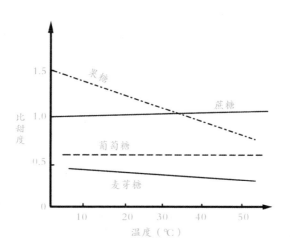

　　如上图所示，果糖在0℃时，甜度是蔗糖的1.5倍，但一旦上升到35℃左右，吃起来就没有蔗糖甜了；在50℃以上的条件下，它甚至跟葡萄糖差不多甜了。所以，用开水冲泡蜂蜜，甜度确实会下降。

　　但这种下降是可逆的。如果温度降下来，蜂蜜水是会重新变甜的。更何况，甜度下降并不意味着营养的损失。

总之，结论就是：用开水泡蜂蜜，跟用温水、冷水泡蜂蜜，其实并没有什么本质的区别。

有人可能要问：用开水泡蜂蜜真的不会损害蜂蜜的营养吗？有什么实质性的证据吗？会不会有其他的营养成分会被破坏？

事实上，蜂蜜的营养和糖水差不多。蜂蜜最主要的营养物质就是碳水化合物；其他营养物质，如蛋白质、维生素、矿物质等，都只有微量。而受温度影响最大的营养物质就是维生素了。

## 蜂蜜能保存很久是因为富含抗菌与抗氧化物质？

一般的蜂蜜都能保存 2 年以上不会腐坏。蜂蜜为什么能保存那么久？有的商家便会如此宣传：蜂蜜能保存那么久是因为蜂蜜里富含抗菌和抗氧化物质。所以，吃了蜂蜜，人体的免疫力也会提高，能起到延年益寿的作用。

其实并没有那么玄乎。蜂蜜能保存那么久的原因就在于它的主要成分——82% 的糖、17% 的水，这是一个具有极高渗透压的环境。在这种极端高渗的环境下，细菌的细胞会大量失水，最终细菌会脱水而死。这就是为什么绝大部分细菌都无法在蜂蜜中生活的原因。

但是，如果蜂蜜被长期放置在空气中，就会吸收空气中的水分。吸收得多了，就可能会达到霉菌的最低生活条件了。因此，蜂蜜平时需要密封放置，否则可能会发霉。

## 蜂蜜具有美容、减肥、延缓衰老等各种作用？

前面我们提到，蜂蜜相当于糖：水等于 5:1 的糖浆，并没有什么"特殊"的成分。蜂蜜中最主要的营养成分就是碳水化合物，也就是糖。吃蜂蜜并不会给你带来强身健体的效果，也不能美容，更不能延缓衰老。就像其他糖一样，蜂蜜吃多了也会变胖——所以，蜂蜜也并不能减肥。

# 红糖的秘密

相信很多人都有这个疑问：红糖是什么？跟白糖有哪些不同？红糖、黑糖、赤砂糖是一种东西吗？红糖有什么营养价值和保健作用？在这一节中，我们就来了解一下红糖的秘密。

## / 白糖是怎么造出来的？

要想知道红糖是什么，和白糖有什么区别，就要了解我们平时吃的这些糖是如何制造出来的。

大家都知道，制糖的原料是甘蔗或者甜菜。想制出糖来，首先要把原料中的糖分提取出来，这个过程我们称为提汁。

提汁的方法有两种：压榨法和浸出法。压榨法就是把原料在压榨机中压成汁，方法其实就和自己在家里榨橙汁一样，但一般工厂会连续压榨5次，以保证甘蔗里的水分被充分压出，这样才能让白糖产率达到最高！

浸出法听上去比较高大上，其实也很简单，就是把原料放在水里泡，由于细胞膜内外浓度差的关系，原料的糖分就会从细胞里扩散到水里。只要浸泡足够长时间，就能获得跟榨汁效果相同的"糖水"。

那么，接下来，直接把水分蒸发掉，白花花的糖就可以结晶出来了是不是？

事情可没有这么简单。这种刚提取出来的"糖水"中含有很多杂质，这些杂质都会影响结晶的进行，因为结晶需要纯度非常高才行。所以，在浓缩之前，我们需要加上一步"清净"的步骤。清净主要有三种方法：亚硫酸法、石灰法和碳酸法。这些方法都是用化学手段让杂质絮凝并沉淀下来。目前，后两种方法应用比较广泛。

清净过后，糖汁就由浑浊变得澄清，这时我们就可以开始蒸发和结晶步骤了。在结晶过后，我们就获得了白花花的糖以及剩下的部分。那么，剩下的物质是什么呢？是一种黑褐色，黏稠，类似糖浆的物质，这种物质叫糖蜜，是制糖业的副产品。

如果是制作白糖，那么下一步就是分蜜了，就是利用离心机把液体的糖蜜和固体的白糖分开，然后再把这些白糖收集起来，晾干，包装，就能得到我们吃的白砂糖了。

## / 红糖和它的"亲戚"们

那么红糖是怎么做出来的呢？

只要把"分蜜"这个步骤去掉，让蒸发后的结晶不经分蜜，直接烘干，这样糖蜜就会附着在糖粒的表面，使糖颜色变深，也就得到了红糖。所以，从本质上说，红糖是不纯的糖，是白糖和糖蜜的混合物。

但是目前，因为白糖的产量要远远大于红糖，如果为了生产红糖而开辟一条单独的生产线，其实很不划算。所以现在一些国外厂商就先把白糖生产出来，再额外加入糖蜜，烘干后就得到了跟前面说的一样的红糖。这两种方法得到的红糖其实没有什么区别。

如果红糖中所含的糖蜜量比较多，或者因为熬煮温度比较高引起了焦糖化反应，那么糖的颜色就会更深，我们就叫它"黑糖"。如果制得的红糖是沙粒状的，跟白砂糖一样，糖蜜只是附着在表面，我们就可以叫它"赤砂糖"。赤砂糖往往是通过清净后的多次结晶工序来制成的。一般第一次结晶的是纯度最高的白砂糖，而结晶到第三次由于糖蜜中蔗糖含量较低，结晶出来的糖显红色，就是赤砂糖了。

还有些"古法制作"的块状红糖和黑糖则直接省去了"清净"的步骤，直接蒸发甘蔗汁，因此杂质较多，所以无法像普通糖一样结晶，只能制成块状，这样就制成了块状的"古法制作黑糖或红糖"。

所以说，红糖、黑糖、赤砂糖的区别主要是在颜色和质地上，其实主要成分并没有区别。

## 红糖究竟有多神奇？

红糖确实比白糖营养成分稍丰富，营养价值也稍高。白糖的主要成分就是蔗糖，纯度可以达到99.9%以上，营养成分当然只有单一的碳水化合物一项。而红糖由于是不纯的糖，纯度一般只有80%～90%，剩下的杂质中就含有一些维生素（特别是B族维生素）以及微量元素（如钙、铁、镁、锰等）。

那我们是不是因此就要多吃红糖呢？

就像平时买衣服要考虑性价比一样，建议大家在吃东西的时候，也要考虑一下摄入营养的"性价比"。那些维生素和矿物质在红糖里所占比例微乎其微，但大家别忘了，红糖还有88%的糖呢。为了这一点点维生素和矿物质，而去摄入这么高能量的糖，性价比实在是不高。

相比起来，蔬菜、水果、谷物等食材的"性价比"就要高多了。偶尔吃一些红糖，当然没有关系，但为了这少得可怜的"营养物质"而去吃，那就真的不如多吃点蔬菜和水果了。

至于"红糖可以补血"的说法，其实来自于"以形补形"的中医养生观念。这种观念认为，吃猪肝就能补肝，吃猪腰子就能补肾，而吃牛鞭、牛蛋就能壮阳。这种朴素的观念无论中西方，在古代都曾出现过，但从现代科学看来是站不住脚的。其实我们在这里不用过多分析这种观念，相信大家心中自有分寸。

## 红糖可以缓解痛经吗？

可能很多女性会有这样的体验，一杯温热的红糖水下肚之后，痛经似乎真的得到了一定的缓解。这是怎么回事呢？

目前没有靠谱的医学临床试验的文献证明"红糖真的对痛经有疗效"。想解释这个现象，只能从"红糖水"这种东西的其他性质入手了。

解答这个疑问的关键一点就是：红糖水通常是热的。这其实可能跟你用热水袋敷在肚子上效果一样，因为临床实验已经证明，热敷对于痛经有非常好的疗效。

在一项关于痛经的治疗实验中，81 名女性被随机分为 4 组，接受的治疗分别是：

- 热敷 + 安慰剂
- 热敷 + 布洛芬片（一种止痛片）
- 无热敷 + 布洛芬片
- 无热敷 + 安慰剂

结果表明，前三种做法对疼痛都有非常明显的缓解作用。在对比第二组（布洛芬加热敷）和第三组（布洛芬不加热敷）后，研究者发现，两者对于疼痛的缓解效果相同，但加了热敷的那一组起效会快很多。

在另一项研究中，单纯热敷对于痛经的治疗效果甚至强于对乙酰氨基酚（就是扑热息痛，一种止痛片）。

也就是说，喝红糖水和喝白糖水以及单纯喝热水，其实效果可能没有区别。"多喝热水"对于痛经者来说，其实是一条非常靠谱的良心建议。

当然，除了热敷效应，安慰剂效应也是缓解作用的原因之一，也应该在考虑范围内。

还有一点不得不提的就是，红糖水中的糖会以极快的速度被人体吸收进血液中，迅速提高血糖含量。因此，喝红糖水通常能够迅速缓解低血糖引起的头晕、乏力症状。当然，这跟红糖本身没有太大关系，因为用白糖水可以达到同样的效果。

## 总结

通过前面的阐述，大家是不是认为把红糖说得一文不值，观点太极端，有些不能接受？事实上，我们并没有贬低红糖的价值。红糖作为一种食用糖，能够应用在各种菜肴和点心中，为我们提供与白糖不同的风味和口感。红糖水、红糖姜茶也是暖胃又暖心的冬季佳品。只是，红糖并没有一些商家宣传的那么神奇，其所谓的"补血""保健"等作用，其实并不存在。

# 黑蒜究竟有什么营养价值？

黑蒜，顾名思义，当然就是黑色的大蒜。想让大蒜变黑，需要极其漫长的加工过程。

想要将普通大蒜加工成黑蒜，需要让它在 60 ~ 90℃的环境下放置少至 10 天，多至 3 个月，而通常使用的温度是 60 ~ 70℃。

除了温度要求，制作黑蒜还有湿度的要求，一般需要环境湿度保持在 90% 以上才行。

在加工过程中，黑蒜的质地慢慢变软，刺激性气味渐渐消失，取而代之的是香甜，伴有一丝丝意大利黑醋或者酸豆般的酸味。这种"魔法"一样的体验使黑蒜从中国走向了世界，成为高档餐桌上的佳品。

有很多黑蒜生产公司都宣称自己的黑蒜来自"发酵"，甚至在百度百科中都把黑蒜称为"发酵黑蒜"，称其是在"发酵箱"中长时间发酵成的。

那么，黑蒜真的是发酵而成的吗？

其实，我们说"发酵"，是说食物经过微生物的作用发生了变化。所以，只要简单了解一下黑蒜的加工工艺就会明白，黑蒜的加工过程不应该称作"发酵"。

为什么呢？因为大部分微生物适宜生长的温度都在50℃以下。而在60～90℃的高温下，微生物基本都活不到1小时，更不要说存活几个月了。

那么，既然没有发酵，黑蒜是不是也就没那么有营养了？

其实黑蒜发不发酵，跟它有没有营养没太大关系。关于黑蒜的营养我们后面会说。现在，我们先来说说黑蒜为什么会变黑吧。

黑蒜到底是如何变黑的呢？现在比较统一的说法是由于非酶褐变。简单来说，就是大蒜内的化学物质在高温下互相反应的结果。引起褐变的反应，有可能是糖类和氨基酸之间的美拉德反应，也可能是其他物质的氧化反应。

这种过程跟红茶"变红"的过程有些像。虽然红茶"变红"通常也被称作"发酵"，但整个过程只是茶叶自身的化学反应，并没有微生物的参与。

从以上的加工过程我们可以发现，想自己在家做黑蒜虽然是件挺大的工程，但其实也并非完全不可能。

### 方法一：Sous-vide低温真空料理法

Sous-vide是现代料理中很流行的一种烹饪方式，目前还没有对应的中文名称翻译，根据烹饪方法可将其理解为"真空低温烹调法"，简单来说就是把食物装袋，抽真空之后用比较低，但是恒定的温度持续加热。关于Sous-vide的细节我们接下来会讲，但是现在，聪明的你肯定已经发现了：这和黑蒜的制作方法简直神似！

所以，利用真空低温烹调设备可以非常简单地制作黑蒜，过程如下：

（1）大蒜去皮；

（2）将大蒜放入真空袋内，抽真空；

（3）75℃ Sous-vide 水浴 2 天；

（4）从袋子中取出，放入干燥机中保持 60℃ 放置一天；

（5）将烘干后的蒜放入另一个真空袋中，60℃ Sous-vide 水浴至少 12 天；

（6）大功告成！

并且，用 Sous-vide 制得的黑蒜甜度更高，感觉还更可口一些呢！

### 方法二：电饭锅法

如果没有高大上的设备，也不要慌，电饭锅也搞得定，只是可能有些费电而且得密切注意使用安全。其过程如下：

1）将带皮的蒜放进电饭锅；

2）按下"保温"按钮；

3）保温 10 天至 15 天。

不过我们不建议大家使用这个方法，因为不是所有电饭锅的保温功能都有 60℃，如果温度过低，说不定真变成"发酵"了。而且

TIPS

文中提到的黑蒜制作
方法均有安全隐患,
切勿模仿!

连续使用电饭锅十几天,也很容易造成电器损坏,甚至发生安全事故。

### 方法三:烤箱法

利用烤箱也可以实现这个过程,但是,需要担心的还是安全问题。其过程如下:

(1) 把整个未去皮的大蒜放在一个干净容器中,容器必须耐高温,可以被放进烤箱;

(2) 容器外包上铝箔纸;

(3) 烤箱温度设置为 60℃;

(4) 放置 15～40 天。

不过,我们依然不建议使用这个方法!因为烤箱连续使用这么长时间也是有风险和安全问题的。

有很多宣传声称,黑蒜的抗氧化能力是普通大蒜的 39 倍,多酚含量是生蒜的 7 倍,氨基酸含量是生蒜的 2 倍……实际上,关于黑蒜可以搜到的文献资料并不多,其中确实有一些研究显示,黑蒜内的抗氧化物质含量比普通大蒜更高一些。

这可能是由于本来大蒜中的抗氧化物质是和其他物质结合在一起的，而高温引起了这些物质的释放；也可能是由于简单多酚形成了多酚聚合物，后者的抗氧化性强一些。

但目前没有证据显示其抗氧化能力可以高如此之多，这种宣传有夸张之嫌。

关于那些宣称黑蒜抗癌、能增加免疫力、调节血糖的说法，其实并没有得到真正有效的证据支持。目前的证据基本都是基于体外试验或者动物实验，最多可以称为"有潜在应用价值"，但离证明真正"有用"还差得太远了。至于说它能治疗失眠、便秘，有增强性功能、美容养颜等功效的说法，那就完全没有证据支撑了。

在这里，建议大家客观看待这些所谓的营养价值超高的"超级食品"，可以把它当成一样可口的东西，但不要过分迷信其"保健作用"。

# 鸡汤大揭密：为什么别人家的鸡汤那么鲜？

　　每当大降温的时候，炖上一锅老母鸡汤最能抚慰自己了。不过话说，炖鸡汤这件事情还真是有些讲究，为什么老母鸡汤是最好喝的呢？

　　虽然说炖鸡汤这件事情跟厨艺的确有些关系，不过鸡汤比较鲜美确实是一个共识，所以今天我们就来普及一下这其中的原理。而要明白这个道理，首先要知道我们为什么会觉得一个东西"鲜美"。

　　"鲜"作为五种基本味觉之一，被认识的历史是最晚的。直到1985年，鲜味作为基本味觉才得到科学界的广泛承认。现在基于分子生物学的研究，我们的味蕾中就有一种是专门用来感受鲜味的，这种味蕾能识别特定的氨基酸（特别是谷氨酸）和核苷酸（肌苷酸和鸟苷酸），并传送特定的"鲜味"信号到我们的大脑中，这样我们便产生了"啊，这个东西好鲜美！"的感觉。

　　那么，为什么本鸡汤喝起来鲜呢？或者更准确一点说，草鸡和肉鸡味道上的区别是因为什么？

　　这其实跟两个因素有关：养殖方式和养殖时间。

　　从养殖方式上看，草鸡是散养的，而肉鸡是蓄养的，草鸡运动的时间会比肉鸡多很多。大家都知道，一个每天在健身房锻炼的人和一个天天宅在家里胡吃海喝的人的区别吧，鸡也是一样，长期的运动会造成肌肉纤维变粗，而且脂肪大部分会集中在肌肉内，以满足肌肉供能的需求。因此，草鸡肌肉会比较紧致，炖的汤口感会更好。

从养殖时间上看，草鸡的养殖时间往往比肉鸡长很多。前面提到了，肌苷酸和鸟苷酸都是能引起鲜味味觉的物质，而肌肉中的鲜味物质主要来自肌苷酸。肌苷酸在动物体内有一个慢慢积累的过程。养殖时间长会导致肌肉内肌苷酸的大量积累，这样吃起来更鲜美也就不奇怪了。

所以，这也是为什么老母鸡汤特别鲜的原因。因为老啊！"姜还是老的辣"这句话在鸡界也是成立的，我们完全可以说："鸡还是老的鲜。"

那么，一只懒惰的鸡就完全没有优势了吗？其实不然。如果一个人想吃油炸、烧烤或煎炒处理的鸡，肉鸡由于肌肉比较松软，一定会成为不二之选。而在这种情况下，用草鸡，就会发现其肉质比较硬，不那么好吃了。

# 奶白色的汤，看上去很美

很多人都有这样的疑惑：为什么做鱼时把鱼煎一下更容易出白汤，而加醋后汤又变清了，到底发生了什么？这个问题很有趣，白汤其实并不神秘，但想做好也没那么简单呢。我们先从油和水的"魔法"开始说起吧。

## "白汤"与乳化体系

提到"白汤"，我们就不得不先来说说乳化体系这个概念。那么，到底什么是乳化体系呢？

大家都知道一个常识：油和水是不相溶的。如果强行把油和水放在一起，就算使劲搅很长时间，只要静置一小会，还是会分成"上油下水"的两层。

但如果向里面投入一些生蛋黄，然后再猛烈地搅一段时间，神奇的事情发生了——你会发现，在搅拌过程中，整个体系越来越白，越来越黏稠，最终形成了黏稠的乳白色半固体状物质。

是的，这就是乳化现象。而你刚刚得到的东西，就是一种乳化体系，我们通常称作蛋黄酱。

蛋黄到底有什么魔力，能把油和水这两种"性格迥异"的东西拉到一块儿呢？

原来，蛋黄里面含有大量的卵磷脂，这种物质一端亲水，一端亲油。在高速搅打的过程中，这种物质就会把小油滴包裹起来，形成一个个"小油滴团"。大量的油滴团均匀分散在水中，就形成稳定的"水包油"体系——也就是蛋黄酱。

而类似蛋黄这样的，可以让油和水两种东西"不分你我"的物质，我们就称它为"乳化剂"。

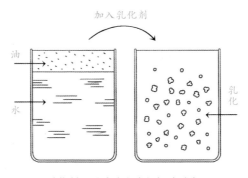

乳化剂可以让油和水很好地融合

下面说回"白汤"。其实和蛋黄酱类似，白汤也是油和水形成的乳化体系。制作白汤的原料通常是猪骨、鱼肉、鸡骨等，本身就富含脂肪。而在炖煮过程中，肉中会慢慢溶解出蛋白质和磷脂，这些物质又恰好起到了"乳化剂"的作用。

一句话总结就是：白汤并不神秘，不过是水包油，再来点乳化剂。

既然这么简单，为什么我们平时做饭的时候，如果不加注意，很难做出满意的"白汤"呢？因为科学原理简单不代表做起来容易。想要形成很好的乳化体系，跟材料、火候、做法都有关系。

## 怎样才能做出满意的"白汤"？

想做"白汤"，选材很关键。

大家知道，猪骨比较容易炖出白汤，而猪瘦肉就很难。这是因为猪骨的骨髓内富含脂肪，而猪瘦肉基本没有脂肪。有了"油"，才有乳化体系。

一些胶原蛋白含量丰富的食材，比如猪蹄、牛筋等，也比较容易熬出白汤，这是因为胶原蛋白具有一定的乳化作用。当然，如果再加上脂肪含量高的食材，那效果就更好了。

在炖鱼汤之前先把鱼煎一下，比较容易炖出白汤，这是因为煎鱼用的油给汤中带去了额外的脂肪，而且鱼做熟之后，蛋白质、磷脂等乳化成分可以更快地溶解在水里。

但是，想形成"白汤"，脂肪含量又不能太高。炖一块肥肉是不太可能有"白汤"的，因为油脂进入水中的速度太快，蛋白质、磷脂等乳化剂还来不及"包围"，就已经是厚厚一层了。所以，必须是"恰到好处"的脂肪含量才行。

除了选材，火候的控制也相当重要。

想做出"白汤"，得让油滴尽可能不要聚集起来，要均匀分散开来。所以要始终用中火加热，让锅中的汤处于比较剧烈沸腾的状态。这跟蛋黄酱要"高速搅打"的道理是一样的。

　　而且，沸腾状态的保持也相当重要，否则油和水会快速分层，这样想再恢复乳化体系就有点难了。所以，在给汤补水的时候不要补凉水，直接补沸水会好一些。

　　和蛋黄酱不同，白汤乳化体系的维持主要靠蛋白质，而酸度变化对蛋白质乳化体系有很大影响。如果醋放得比较多，使 pH 达到了蛋白质的等电点，蛋白质就会发生絮凝，乳化体系会被破坏，甚至导致"瞬间变清"的惨剧发生。所以，尽可能不放或少放醋，有助于"白汤"的保持。

　　你可能会问，做白汤那么麻烦，有没有省力点的方法？

　　在以前，可能只能自己掌握火候了。但别忘了，现代食品工业已经发展到了非常高的高度，搞定"白汤"这种事情简直小菜一碟。下面就给大家说几种比较常见的方法：

- 在汤中加入别的乳化体系（比较常见的有蛋黄酱、牛奶等）；
- 在汤中加入乳化剂（如单、双甘油脂肪酸酯，大豆磷脂等）；
- 在汤中加入植脂末（奶精）。

## "白汤"健康吗？

　　有很多"养生"文章会说这种白汤有助于身体健康，有"下奶"的作用，比起清汤"营养翻倍"等。

　　其实，看完刚才的介绍，大家应该已经明白了，"白汤"就是水加上油。比起清汤来说，白汤唯一的变化就是油更多了；而且由于来自动物油脂，所以大部分是饱和脂肪。

长期喝"白汤"，就相当于多摄入了很多饱和脂肪。再加上很多"白汤"的含盐量也不低，其实并不怎么健康。

不过，白汤的醇厚和鲜香自然也是清汤所无法比拟的。因为"好喝"而偶尔喝上一两次，对身体不至于有太大影响，只要平时尽量少喝就可以了。但如果是真觉得这东西能养生，天天喝，就得不偿失了。

所谓"下奶"的作用，就更是没有什么科学依据了。这只是来自中国传统的"以形补形"养生观念，觉得乳白色的东西就下奶。

## 总结

1 "白汤"和蛋黄酱类似，是一种水和油构成的乳化体系。

2 想炖出"白汤"，需要选用脂肪含量比较高的食材，大火烹制，待乳化作用的物质慢慢溶解出来。

3 最后再多说一句，事实上，"白汤"并不健康，平时尽量少喝。

# 为什么糯米吃起来那么黏？

糯米在我们的食物中扮演着不可替代的角色。从汤圆到驴打滚，从酒酿到糯米鸡，那种软香甜糯的口感，我们似乎已经习以为常。不过，糯米那黏嘴、黏牙、黏嗓子的质地，我们往往无法忘怀。所以，作为技术型吃货的你有没有想过这样一个问题：糯米为什么这么黏？

## 糯米为啥这么黏？

要回答这个问题，就要从食品化学里一个很有趣的小知识说起。

### 普通淀粉和文艺淀粉

不管是普通大米（如籼米、粳米）还是糯米，淀粉都是其中最主要的物质。淀粉这东西，说到底就是葡萄糖一个一个首尾连接"拼装"起来的多糖，只是不同的淀粉拼装的方法有所不同。普通淀粉的拼装方法是让葡萄糖首尾相连，排成一列长队，看起来像这样：

但有些葡萄糖比较任性，偏偏不乖乖地首尾相连，而是要走文艺路线，最后看起来像这样：

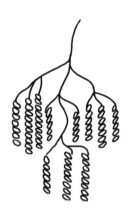

食品科学家把排成一条线的"普通淀粉"称为直链淀粉，而把像树枝一样分叉的"文艺淀粉"称为支链淀粉。

这两种淀粉在各种淀粉类食物中都普遍存在，普通的大米中有25%～30%的直链淀粉，剩下70%～75%是支链淀粉。其他的各种淀粉类食物，比例差不多也是如此。豆类中直链淀粉要更多些，能

常见稻米中不同淀粉含量比较

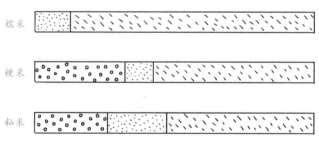

达到 40%～60%。而糯米在这方面比较极端——几乎 100% 的淀粉都是文艺范儿的支链淀粉！

那么，这和"糯米为什么这么黏"有什么关系呢？这就要说到另外一个名词了——淀粉的"糊化"。

让我们从另一个故事说起吧。平时你做菜和做汤时会勾芡吗？

如果会，你一定觉得勾芡是很神奇的事情，为什么把白花花的淀粉加到汤里，稍稍加热一下，汤就会变成水晶状的胶冻状物？

这就跟淀粉的化学性质有关了。淀粉外表看上去是极细的粉，但如果放在显微镜下看，就可以看到一个一个的淀粉颗粒。这些淀粉颗粒就包含了直链淀粉和支链淀粉两种。它们平时就挤在一起，直链淀粉还会发生结晶，成为螺旋状的线团。

但是，淀粉一旦与水接触，整个颗粒就会像吹了气的皮球一样胀大开来，直链淀粉的螺旋也会解开，成为一条毛线的样子。

这时如果再加热，那些"毛线"就会挣脱颗粒，扩散开来，相互交联成为网状。继续在颗粒内待着的支链淀粉，只好被那些网状的东西包裹住。这样就形成了一种"比较透明的胶状物"，或者用接地气一点的话说，面糊。

通俗一点理解就是这样：淀粉就是一个个揪在一起的毛线团与树枝聚集在一起的颗粒，泡过水之后，毛线团开始慢慢舒展开，结成一个网，并把里面原来的树枝也包裹了起来。食品科学家就把这整个过程称为淀粉的糊化。

糊化在我们日常生活中随处可见，勾芡属于比较高端的，做包子、饺子、汤圆、馅饼、面包和蛋糕，甚至是煮白米饭，都少不了淀粉糊化的参与。

可以这么说，如果淀粉不会糊化，那我们就至少失去了一半的美食。

那么，直链淀粉和支链淀粉的含量比，也就是毛线团和树枝的比例，会影响到糊化的过程吗？

确实会。首先，淀粉糊化是需要一定温度的。这很好理解，因为如果把淀粉放到冷水里，你搅再长时间也不会形成水晶芡。引起淀粉糊化所需要的最低温度，我们称为糊化温度。直链淀粉含量越高，糊化温度就越高。这样食品就更难吸水涨开，形成面糊。

普通大米的糊化温度在 66～78℃ 之间，而糯米由于没有直链淀粉，糊化温度只有 57～67℃，比普通大米更容易形成黏糊糊的一团。

其实，糊化温度还不是决定一个食物黏性的关键因素，接下来就要说问题的关键了：一个食物中的支链淀粉（树枝状的文艺淀粉）和食物黏度息息相关，支链淀粉含量越高，食物越黏！

那么问题来了：为什么支链淀粉越多，食物就会越黏呢？这其实还要说回到之前的"糊化"过程去。

刚刚说到了，在糊化之后，"毛线团"挣脱束缚，形成了一个网，把中间的"树枝"包裹了起来。

可是，挣脱束缚的"毛线团"，其实相当于溶入了水中，对食品的黏度贡献比较小。而中间不同的"树枝"颗粒的相互作用，才是黏性形成的关键。

这些"树枝"错综复杂的长链结构，增加了分子间的相互作用力。就像你很难把两条缠在一起的树枝轻易分开一样，你也很难将两团支链淀粉团块分开。这样，从表面上来看，当然是"树枝"越多，食物越黏了。

## 糯米吃多了难消化？

相信很多人都听过这样的说法：糯米比普通大米更难消化，所以不能吃太多。

其实，事情的真相是——比起普通大米，糯米被人体消化吸收的速度其实更快。原因也很简单，还因为支链淀粉那"树枝"一样的结构。淀粉在体内消化，靠的是淀粉酶，它能像剪刀一样把淀粉剪断，再经过麦芽糖酶和糊精酶的进一步消化，变为葡萄糖被人体吸收。整个消化过程在口腔和肠道内进行。

支链淀粉树枝状的结构，造成了它"可以剪"的地方比直链淀粉多很多。直链淀粉只能从两边剪，支链淀粉就可以从四面八方同时开剪。最终如果要比较剪成小分子的速度，那支链淀粉一定会完胜。

所以，糯米吃进体内后，往往能够非常快速地被消化吸收，转化为我们的血糖。这也说明了另一个事实：糯米是名副其实的高 GI（升糖指数）食物，其实并不适合糖尿病人食用。所以，如果您是糖尿病患者，或者是潜在的胰岛素抵抗者，那就不要吃太多糯米。

# 凉米饭防肠癌，这事儿没那么简单

凉米饭防癌？这个说法靠谱吗？这种说法声称，米饭中有一种可以对抗肠癌的物质，叫做抗性淀粉，只有将煮熟的米饭放凉后这种淀粉才能产生。所以，把米饭煮熟后先打开锅盖，用勺子搅拌它，让米饭散热后再吃，就会产生抗性淀粉了。

米饭只要放凉吃，就能预防肠癌？这也太轻松容易了吧。从直觉上看似乎不太可能。

事情似乎并没那么简单。接下来我们就从科学的角度了解一下这个问题。

要了解这个问题，首先我们得弄懂，到底什么是"抗性淀粉"呢？这种东西真的可以预防肠癌吗？

## 抗性淀粉是什么？

大家都知道，淀粉在被我们吃下肚之后，会被各种消化酶分解，最后变成葡萄糖，吸收进血液里。

但是，同是消化吸收，速度却有快有慢。营养学家往往会根据

"消化起来的难度"把淀粉分成几类。

有些淀粉比较好消化，我们就叫它"快消化淀粉"。吃下这种淀粉，如果你再去测血糖的话，不用太久就可以测到一个血糖含量的峰值——那是这种淀粉已经被彻底消化分解，然后吸收进血液的标志。

有些淀粉消化的速度就会慢很多，只会慢慢地释放出葡萄糖。我们叫它"慢消化淀粉"。吃进这种淀粉后，血糖是缓慢上升又缓慢下降。

但是，科学家在研究的时候，发现还有另一种特殊类型的淀粉，它们似乎完全不会被消化，也不会被吸收。各种消化酶都奈何不了它们。它们被吃进人体后，血糖也几乎不会发生变化。

这种傲娇的淀粉就被科学家称为"抗性淀粉"。抗性淀粉在很多食物中都存在，一般来说，生的东西比熟的东西中抗性淀粉更多，比如生土豆、生香蕉等，抗性淀粉就挺多。此外，一些带籽的东西，抗性淀粉含量比磨碎了更多，比如糙米饭的抗性淀粉就比精米饭多。

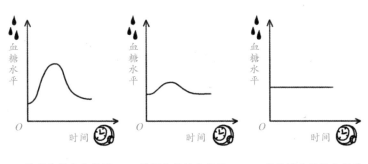

快消化淀粉分解图　　　慢消化淀粉分解图　　　抗性消化淀粉分解图

那么，将米饭放凉，抗性淀粉怎么就更多了呢？要回答这个问题，首先得从"淀粉老化"开始说起。

抗性淀粉通常分为 4 大类——RS1：物理包埋形成的抗性（比如淀粉在籽里，所以不好消化）；RS2：生食物里的抗性淀粉颗粒；RS3：老化抗性淀粉（也就是我们文中主要讨论的这种淀粉）；RS4：化学变性抗性淀粉。

## 淀粉是怎么"变老"的

前面我们介绍了淀粉的糊化。在有水参与的基础上，对淀粉进行加热，达到糊化温度后，淀粉颗粒就会吸水溶胀开来，体积变成之前的数百倍。正因为有糊化，我们才能吃到软糯香甜的米饭，以及馒头、面包、糕点等各种食物。

但是，大家都有这样的生活经验：这些东西一旦放凉了，就会变得硬邦邦的，之前的"软糯"全都不见了。即使再加热，想恢复到刚出锅的那种口感也很难。

这就是因为在温度降低或者长时间放置之后，淀粉会出现"老化"现象。这时，淀粉粒会从糊化中的无序恢复过来，重新形成类似晶体一样的有序结构。淀粉分子间也会形成氢键，这就使得整个食物的结构变硬。

关键是，老化过程还是不可逆的。就算再加热，老化过的淀粉还是不能恢复到之前糊化的结构。这就是为什么刚刚出锅的米饭更好吃的原因。

淀粉是如何"变老"的

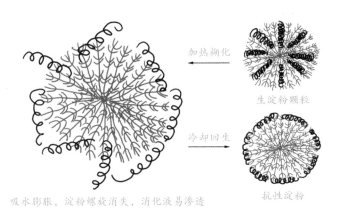

加热糊化

生淀粉颗粒

冷却回生

抗性淀粉

吸水膨胀，淀粉螺旋消失，消化液易渗透

我们平时做蛋炒饭，一定要用隔夜的米饭去炒，正是利用了"淀粉老化"的特性。隔夜老化过的米饭表面会变硬，米饭之间的黏度也会变低。这样炒制蛋炒饭的时候，米粒和米粒之间容易分开，蛋液也容易均匀地裹在米粒上面。这样炒出来的米饭当然会更好吃。

回到题目上来。目前有大量实验证据都表明，老化淀粉比起糊化淀粉，其消化难度会增大很多。也就是说，老化后的淀粉，其抗性淀粉含量会大幅上升。

说到这里，大家应该明白了：如果将米饭放凉，由于淀粉老化，米饭里面抗性淀粉的含量确实会大幅增加。但是，这与肠癌又有什么关系呢？

## 抗性淀粉与癌症

这要从最初对抗性淀粉的研究开始说起。

抗性淀粉不会被消化，也不会被吸收。大家都知道，如果一样东西既不能被消化也不能被吸收，它就会像金针菇一样——吃多少拉多少。

但科学家很快发现了问题：试吃者吃下大量抗性淀粉后，在粪便中仅有 10% 的抗性淀粉还留着，90% 都莫名消失了！但明明在各种酶的摧残下，这些抗性淀粉是可以完全坚挺的啊。

这个谜直到最近才被解开。

原来是肠道中的微生物捣的鬼。我们没有消化酶，但是它们有。经过肠道菌群的发酵，这些抗性淀粉在大肠中最终转化成了短链脂肪酸和一些气体。

随着人们对于肠癌的发病机制的研究逐渐深入，人们就发现，还不能小瞧这些短链脂肪酸。它们在大肠中通过某些机制可以阻止肿瘤的形成。也就是说，在理论上，你抗性淀粉吃得越多，这些短链脂肪酸就生成得越多，患肠癌的概率也就越低。

这一点在体外实验和动物实验上都得到了确证，接下来就是大规模的临床人体实验了。在 2008 年和 2012 年有两个比较"重量级"的实验，但结果都是"没有发现抗性淀粉有显著效果"。

但是，这些实验都是用 Lynch 综合征的患者作为被试者的。这些患者由于基因原因，患肠癌的概率比正常人高很多，一生中患肠癌的可能性可以达到80%。那换做普通人，结果会不会有区别呢？没有人知道。

为什么要用这种患者当被试者呢？因为这样只需要很少人就能得到有意义的结果呀。不然肠癌发病率那么低，得至少测试几千人甚至几万人才能得出结果。上哪儿找这么多人去！

所以说，目前我们还没有关于"普通人群"的证据，现在说"抗性淀粉可以防癌"或者"抗性淀粉没什么用"都为时尚早。我们需要有更多证据，才能下这个结论。

### 总结

*1* 米饭做好放凉之后，由于"老化"作用，确实会产生更多抗性淀粉。

*2* 抗性淀粉具有一定的防癌潜力，但具体有没有用，目前的研究还没有确凿证据，有待更多研究。

*3* 盲目吃凉米饭并不可取，对消化能力比较差的人来说，更好消化的热米饭是更好的选择。

# 酵素食品的神话，早就该破灭了

酵素这个词大家一定都不陌生，这一小节中我们就来具体说一说它究竟是什么，到底有什么作用。

／ 酵素可以补充酶吗？

"酵素"是一个日语词汇。这个词在中文里有另一个名字，叫做"酶"。酶是一种催化剂，是加快化学反应速度用的。我们身体里绝大多数的反应，都需要酶的催化才能进行。跟其他催化剂不同的是，酶是一种蛋白质，而且是具有生理活性的蛋白质。这使得酶的催化需要极其苛刻的条件。pH、温度等，只要稍有不合适，酶就会失活。

正常人胃腔内的 pH 是 2，小肠的 pH 在 7 左右。正常的食物到达胃和小肠后，pH 会随着环境发生剧烈的变化。大多数吃进去的酶在这个阶段就已经失活了，更别说还有胃和小肠的消化作用。等那些酶进入小肠中时，已经变成了游离的氨基酸和肽段，基本不可能继续保持生理活性。

因此，目前所有宣称可以"补充酶（酵素）"的酵素产品，都是虚假宣传。酶不可能通过"吃"来补充（除了极少数消化酶），正常人也无需补充酶，而且这跟减肥更是一点关系没有。

## / 益生菌有益健康？

可能关于此类问题的辟谣实在太多，大家也都有基本了解了，因此，现在很多"酵素饮料"不再把"酶"作为卖点了，改为宣传发酵制品中"益生菌"的功效来。目前，"酵素"这个词的涵盖面也扩大了很多，甚至所有经过发酵的食品和饮料，都能冠以"酵素"之名。

"益生菌"比起"酶"来说，功效确实靠谱得多。关于益生菌改善肠道的研究，目前确实有不少相关的论文。

但是，首先不是所有参与发酵的细菌都可以被称作"益生菌"。酸奶中最常见的两种细菌——保加利亚乳杆菌和嗜热链球菌，其实都不能被称作益生菌。酸奶中的益生菌通常是需要额外添加的，比如说额外添加的乳酸乳球菌、双歧杆菌等。

很多酵素饮料会宣传酵母菌的"功效"。实际上，只有极少数的酵母菌被证明对改善肠道菌群有帮助（比如布拉酵母菌），有一些酵母菌反而是条件致病菌，食用后可能会导致胃肠道症状呢。

况且，改善肠道菌群对益生菌还有一定的数量要求，因为胃酸本身就会杀死大量的益生菌，如果数量不够，根本不可能有足够的细菌成功抵达肠道，并发挥"改善肠道菌群"的作用。事实上，关于益生菌的研究目前也才刚刚起步。益生菌到底对人有什么样的帮助，目前科学界还没有确定的结论。

最近，关于肠道微生物基因组的研究揭示，每个人肠道里的微生物种类和占比都各不相同。而外界的食物摄取引起的肠道菌群变化更是异常复杂。很可能同样的"益生菌饮料"，对每个人的效果都不一样。

目前，关于"肠道菌群"的研究是营养学的研究热点。我们可以期待，在未来，基于这些研究可以做出真正可以证明有效的"益生菌饮料"。但现在，在没有得到确定结论的情况下，拿"益生菌"做宣传，甚至说摄入"益生菌"可以减肥瘦身，是极为不妥的。

何况，那些保质期超长的"酵素饮料"，里面的益生菌是不是还活着都还说不定呢。

## 家庭自制酵素？风险大大的！

目前在网上还可以看到各种自制酵素饮料的教程。比如说，将水果洗净切成块，混合一定比例的糖和水，装进洗净的容器内，封好口，在阴凉地方放上一两个星期，就"摇身一变"成了可以减肥养颜的食品。

实际上，这种饮品就是水果经自然发酵的产物。自然发酵，古已有之。我们平时常吃的咸菜、泡菜都是自然发酵的结果。"自制水果酵素"的唯一不同就是把盐换成了糖。从营养角度来看，水果酵素除了糖分含量更高一些，盐少一些，跟泡菜没什么本质区别。

平时我们吃的泡菜等发酵食物，都是源自古代的食品加工工艺。这些食品经不断发展，被无数人的胃验证过，在正确操作下，基本可以保证食用安全。

而"水果酵素"则不同，水果表面的微生物是很难控制的，发酵过程中，到底哪种微生物会占主导作用也很难去预测。这就导致，制作"水果酵素"是很难保证没有杂菌污染的。一不留神，你的"水果酵素"可能就变成了极佳的液体培养基。

更可怕的是，一些人在吃完自制的"酵素"之后，由于杂菌污染的问题，产生了腹泻等症状，反而会认为是酵素起了"清宿便"的作用。这里再顺便辟个谣，就是"宿便"这种东西在科学上根本就不存在，所以根本不需要去"清"。所有在宣传中包含"清宿便"的产品，都是虚假宣传。

## "酵素营养学"，你信吗？

很多关于酵素的宣传里，都会出现一个看起来很高端的词汇："酵素营养学"。这也是日本的舶来品。传说中，这是日本最新的科学研究热点。

实际上，目前关于"酵素营养学"的各种主张，比如人体消化道中酶活性的维持等，都没有任何科学研究证据证实。目前也没有任何关于"酵素营养学"的论文存在。

简而言之，别把来自日本的伪科学不当伪科学。

那为什么有人用酵素成功减肥了呢？其实，有很多所谓的"酵素减肥法"，本质上不过就是节食减肥。

单纯利用节食来减肥，一定时间内效果可能会很好，但有一个大问题：一旦恢复正常进食，体重会在短时间内反弹，甚至超过减肥之前的体重。这第一是基因的作用，第二是因为在节食过程中，机体为了适应饥饿状态，将基础代谢率调低的结果。

目前最靠谱的减肥方法，还是适当控制饮食再加上合理锻炼。绝大部分宣称可以"快速减肥"的其他方法，要么是忽悠，要么就会有很大的副作用。

## 总结

**1** 目前的"酵素产品"，无论是饮料、粉剂还是自制水果酵素，其宣称的保健、瘦身作用都是相当不靠谱的。

**2** 益生菌对身体的作用目前还不确定，有待更多研究结果。

**3** 自制酵素存在很大的食品安全风险。

**4** "酵素营养学"是伪科学，"酵素减肥法"本质上是节食减肥，容易反弹。

# Gluten Free（不含麸质）真的更健康吗?

在国外的食品超市里，一般都有一个小专区是专门供应 Gluten Free 的产品的。有很多人相信 Gluten Free 的食品比起普通食品更加健康。那么，为什么会有 Gluten Free？这些食品究竟是不是更健康呢?

Gluten 的中文意思就是麸质，是小麦、燕麦、黑麦等作物中最主要的一种蛋白质。它可以增加面团的持气性、弹性和韧性。听着是不是很高大上？它在中国还有一个更常见，更接地气的名字——面筋。

面粉中高筋粉、中筋粉、低筋粉的分类，就是根据面粉中的 Gluten，也就是面筋的含量来确定的。做面包的时候需要面包有弹性和嚼劲，用高筋粉是比较好的选择；做饺子的时候需要饺子皮有一定的延展性，但又不需要太硬，用中筋粉比较好；而做蛋糕的时候，低筋粉可以提供松软的口感。

各类面粉中成分含量比与用途一览表

| 面粉的种类 | 蛋白质 | 灰分（%） | 水分（%） | 用途 |
|---|---|---|---|---|
| 特高筋面粉 | 13.5% 以上 | 1.0 | 14 | 制作面筋、油条等 |
| 高筋面粉 | 11.5% 以上 | 0.7 | 14 | 一般甜面包、白吐司面包、法国面包、餐包等 |
| 粉心面粉 | 10.5% 以上 | 0.8 | 14 | 高级面条、馒头、包子、水饺等 |
| 中筋面粉 | 9.5% 以上 | 0.55 | 13.8 | 馒头、包子、花卷及蒸、煎类面食等 |
| 低筋面粉 | 7.5% 以上 | 0.5 | 13.8 | 饼干、蛋糕、各种点心食品等 |

而 Gluten Free 的产品，就是在制作过程中完全去除了面筋的产品！为什么要去除面筋呢？原因也很简单：因为有人对面筋过敏啊。

有一种疾病叫乳糜泻，它的主要症状是慢性腹泻、生长迟缓和疲劳等。这是一种具有遗传因素的免疫疾病。这种病其实挺常见的，根据统计，全世界有 1% ~ 2% 的人都患有这种疾病。直到现在，这种疾病还是没法完全治愈的。很长时间以来，人们对它无计可施。

直到有科学家发现，其实造成腹泻的罪魁祸首是患者的免疫系统。免疫系统对面筋这种物质起了反应，进而开始攻击小肠内的组织和细胞，从而导致消化功能紊乱。只需要一点点微量的面筋就足以引发这种反应！于是，虽然这个病治不好，但我们换一种思路，直接控制饮食，让患者不再摄入任何面筋，那么这些症状就不会再出现了！（但这种方法对 5% 的患者不管用，这些患者可能要采取别的方法来治疗。）

说起来容易做起来难。面筋这种东西随处可见，在很多的主食中都不可避免地含有，怎么办？这时只能从政策和法规的层面来思考了。

欧盟和澳大利亚很早就开始推行 Gluten Free 的产品了。美国推行 Gluten Free 的时间很晚，在 2013 年 8 月，FDA 才下达了关于 Gluten Free 的最终规定，如果产品中面筋的含量在 20 ppm（每千克中 20 毫克）以下就可以自愿贴上 Gluten Free 的标签。一般认为，这种浓度的面筋对于乳糜泻的患者来说是不会有问题的。

需要说明的是，有些人没有乳糜泻，但是摄入面筋之后也会有反应，我们把这种情况称作 Non-celiac gluten sensitivity，就是非乳糜泻类型的面筋敏感者。对于这样的人来说，Gluten free 的产品也可以有效减轻症状。

而对于普通人来说，摄入面筋对身体是完全无害的。

所以说，Gluten Free 是对于面筋过敏的人制造的一种特殊需求的产品，对于普通人来说，没有专门买 Gluten Free 这种产品的必要，它也并不能让你吃得更健康。甚至，有些 Gluten Free 产品的含糖量和热量比起普通产品还要高。

但是至少在美国，有很多人依然相信面筋会对健康人身体造成损害。这些人坚信，减少面筋的摄入能达到让胃肠道更加健康，甚至减肥的功效。他们既不是乳糜泻患者，也不是面筋敏感者，但他们构成了 Gluten Free 消费者的主体！这也是一个挺有趣的现象。

# 太空食品的真相

你有没有好奇过一个问题：航天食品与日常食品究竟有什么区别？

这个问题十分复杂，我们得慢慢讲。其实比起普通食品来说，航天食品最重要的区别是，必须要为宇航员的生存环境做周全的考虑。

加加林第一次"上天"时，人们还根本不知道，在失重的情况下人能不能完成"吃东西"的动作。所以，那时任何关于航天食品的尝试都是在冒险。

好在人们很快发现，失重并不会影响人的吞咽动作，而消化系统在失重状态下也工作完好。在这种情况下，"航天食品"才算真正开始起步。

## 吃货的追求

由于技术所限及安全考虑，苏联最初的航天食品只有类似牙膏状的半流体食物，是被宇航员挤到口腔内来食用的。1961 年加加林升空时就带了这种食物，这也是大多数人对于"航天食品"的刻板印象。

同一时期的美国就显得"高大上"了很多。他们利用冷冻干燥技术研制出了一堆冻干脱水食物，吃的时候只需要拿水泡上就好了。虽然比"挤牙膏"好了点，但宇航员的感受仍然是 4 个字——味同嚼蜡。

这些早期的"航天食品"根本不是用来"享受"的，只是宇航员一天的能量和营养所需的基本保障，完全算不上什么"美食"。

吃过代餐的小伙伴们都知道，代餐这东西，吃一天两天没什么事，要是能连续吃上一周，那绝对是精神可嘉。宇航员也是一样的。如果执行一个任务需要一个月，那就相当于在美食方面需要"禁欲"一个月。天天挤牙膏，对身体和心理都是一种摧残。

于是，食品科学家们想方设法地为宇航员提供更好的伙食。整个人类航天史也是航天食品的发展史。

现在的航天食品已经是种类繁多，百花齐放了。各个国家都研发了有自己特色的食品送上太空。"禁欲主义"的太空旅行早已一去不复返。

杨利伟 2003 年乘坐"神舟五号"进行地球轨道飞行时，午饭就吃了八宝饭、鱼香肉丝、宫保鸡丁和凉茶。当然，这些食物都是装在真空包装袋里的。

时过境迁，2012 年"神舟九号"的航天食品已经出现了豆沙粽、水晶莲子、什锦炒饭和烧鸡腿。

在吃货的世界里，意大利人从来不会落后。热爱咖啡的他们甚至设计出了一个专门在太空中使用的全自动咖啡机。

热爱美食的韩国人也比较拼，他们的食品科学家花了好几年的时间和几百万美元的资金，终于研制出了可以在太空中食用的泡菜。这并不容易，因为你要尽可能杀死所有的发酵菌，又要保留泡菜本身具有的味道。

当亚特兰蒂斯号与国际空间站对接后，宇航员们干脆直接在空间站里进行了一次会餐。

既然现在航天食品种类如此之多，是不是跟地球上吃的就没啥区别了呢？当然不是。一个东西能成为航天食品，是要经过非常严格的考验的，而考验的第一关就是——安全性。

## 最强食品安全

航天食品一直是奔着"最强食品安全"去的。这个很好理解，我们平时闹个肚子不算大事，如果宇航员执行任务时闹个肚子，那就很壮观了。

飞船里没有冰箱，但航天任务短的需要两三天，长的需要几周甚至几个月。航天食品的常温保质期必须长于任务时间，不然最后发现飞船上只有变质的食物，是一件相当绝望的事情。

那么，如何最大程度保证食品不会腐坏变质呢？一个思路就是消灭食物内绝大部分细菌，再密封保存。所以，这也是为什么大部分太空食品都会采用真空铝箔袋或罐头来进行包装的原因。这样的食物往往可以保存比较久的时间。

大家知道，微生物无法在没有水的地方繁殖。所以，也有一些食物可以通过先脱水，再在飞船上复水的方式来食用。前面提到的冻干食物就是一个好办法。除了冻干之外，日本宇航员经常会带特制的泡面上飞船，泡面就是一种典型的脱水再复水的食物。

当然，除了泡面还有别的好吃的。偶尔，宇航员也会带一些新鲜水果、蔬菜之类的东西上飞船，但是必须要在前 2 天吃完。如果吃不完，也只能作为废弃物扔掉。

前面说到的都是加工方式的创新。提升食品安全的努力除了这些，还有一些不太广为人知的——比如说，"管理模式"的创新。

NASA 在大力发展美国航天的同时，也专门召集了一些食品科学家，让他们在一起专门研究"怎样建立一种制度，让食品加工厂能第一时间发现任何危害食品安全的因素，然后第一时间将其排除掉"。

如果这种制度得以实现，直接套用在航天食品上，那食品安全问题就完全不用再担心了。

后来，这种制度还真的实现了。这就是在食品学界大名鼎鼎的HACCP 计划，全称是"危害分析与关键点控制"。有点复杂？没关系，你只需要知道，这个东西虽然在一开始只有航天食品会用到，但目前已经是所有食品专业的必修课，也是所有食品加工厂，包括厨房必须遵循的基本原则。

## 面对失重的妥协

如何在失重环境下优雅地吃东西，其实是一件挺具体挑战的事情。首先，你和食物都得固定住，不然你们都会到处乱飘。

这个问题算是好解决。无论是靠绑还是靠吸，亦或者是靠卡，固定人体和固定食物的方法都有很多。

飞船内部不仅处于失重环境，而且布满精密器械。好的航天食品不仅要保证易于食用，还要易于清理。显然，像驴打滚之类的东西就不是好的航天食品，因为它掉粉啊。

正因为如此，饼干之类容易掉渣的航天食品，往往外面会包裹一层明胶，这样饼干渣就会比较少了。

同理，像泡椒凤爪、鸭脖子之类的东西，在人造重力出现之前，应该也不太会被带上太空。

除了掉粉、掉渣的问题之外，还有一些"不上太空就真不可能知道"的诡异问题。

比如，美国曾经尝试把可乐之类的碳酸饮料带上太空，但宇航员表示不能接受，因为喝完以后会打嗝！太可怕了！

打嗝怎么了，谁没打过嗝呢？这有什么可怕的？

但考虑一下，你打嗝之所以没事，是因为在有重力的情况下，空气会自动跑到胃的上面，食物则沉到胃的下面。所以，你才能通过打嗝来排出多余的气体。

而在失重条件下，打嗝跟呕吐其实没多大区别……这帮可怜的宇航员还专门创造了一个称呼——湿嗝。

所以，碳酸饮料、啤酒这类带气的东西，带上太空的一般都是减气的版本。虽然减气饮料喝起来的确差强人意，可惜没办法，这都是面对失重的妥协。

## 营养的极致

饿了就找点东西吃，对于吃货是日常，但对于宇航员可能是危险的。特殊的环境让身体进入了特殊的状态，本身消化能力就会变弱，如果营养上不能保持均衡，很可能导致未知的问题发生。

每次执行宇航任务时，每位宇航员的食物都是营养师提前精心调配好的，其关键点就是要做到"极致的均衡"。什么时候该吃饭，这一餐吃什么，下一餐吃什么，你说了不算，营养师说了才算。

如果自己实在想吃某样东西怎么办？那要跟营养师说，让他帮你专门调整才行。

在失重条件下，骨头中的钙质更容易流失。所以，食物内必须含有充足的、容易被人体吸收的钙质。除此之外，长时间失重还会导致肌肉萎缩和红细胞数量减少，因此富含蛋白质的食物也要保证充足供应。

虽然已经经过训练，但大部分航天员在进入失重环境后还是会"晕飞船"，就像我们晕车、晕船一样，专业术语叫做"空间运动病"。因此，宇航员的食物要尽量清淡一些，如果含有过多脂肪，过于油腻，有可能会加重症状。

## 星际移民吃什么

目前的航天食品必须在地球上生产，再带到航天器上。任务时间越长，需要带的航天食品就越多。如果任务需要几个月的时间，那光是航天食品就需要占用非常大的体积和质量。

如果人类以后移民到其他星球，那么首先要解决的问题就是"如何找到在星际飞船上可持续生产食品的方案"？

这也是航天食品未来发展的方向之一。

也许在未来，太空旅行会像搭乘公车一样日常。到那个时候，航天食品一定已经有了非常完善的产业链。吃航天食品，也就和吃飞机餐一样，没有任何神秘感可言了。

# 如何看待保健食品

如果你去医院，医生让你用 200 块钱买一瓶 30 粒的药，但不保证任何治疗效果，你会买吗？一定不会吧。

可为什么很多人愿意花钱买没有任何疗效承诺的保健食品呢？

保健食品在欧美国家通常又叫做膳食补充剂，是介于食品和药品之间的一个产品分类。比起普通食品，保健食品会强调"剂量"和"适用人群"。有两点是非常重要，但很多人会忽略的。

第一点是，保健食品不是药品，不产生任何预防、治疗疾病的作用，最多也就能改善身体机能，降低某种疾病风险。如果把保健食品当药吃，那是不会产生任何治疗效果的。

第二点是，保健食品由于有"剂量"要求，在食用时必须严格按照剂量来，如果超量食用，反而会引起一些潜在的危险。因此，更不能把保健食品当饭吃。

在世界绝大部分国家里，监管部门都不会对保健食品的"有效性"

进行监管。在美国,保健食品受 FDA 监管。但 FDA 只要确认这个保健食品里所有的原料都是"安全"的,那么它就可以上市了。如果上市之后,产品的"安全性"出了问题,比如有人吃出病来或者吃中毒了,那 FDA 就会迅速介入。

但如果效果不好呢?这事 FDA 就管不着了。因为"改善身体机能"本来就是一个挺见仁见智的事情,你吃了效果不好,也不代表其他人吃了效果不好啊。

有人说,那我们讲科学吧。你可以用相关领域的大规模临床研究来做证据啊。很遗憾,在与保健食品相关的营养学研究里,目前很多结论在科学共同体看来,都还是有争议的,并不是板上钉钉的事情。比如说,益生菌究竟对人体有多大好处?是不是花青素真的可以降低患心血管疾病的风险?这些问题在科学界仍然存疑,目前正反两方面的证据都有。

更不用说中国的保健食品往往会用一些草药来作为功能性成分。这些草药,往往只有很少量的论文支持它们的保健作用,而并没有得到科学共同体的认可。如果是吃这些保健食品,那它们的有效性就更不能保证了。

还有些草药,它们的有毒、有害作用目前还没有被研究透彻,如果盲目去吃,反而会产生潜在的风险。比如前些年被禁售的关木通,就是因为含有一种叫做马兜铃酸的强肾毒性、致癌性物质,导致了大范围的肾衰竭和癌症，引起了全世界的重视，因此才被禁售。

当然，不是所有的保健食品都这么充满争议，如各种维生素、矿物质补充剂对于膳食营养的补充作用是有多方面研究验证的。举个例子，如果你缺钙，买一些补钙的保健食品，那肯定没错。如果是你需要倒时差，买一些褪黑素片来吃，也确实会对睡眠有所帮助。

我们怎么判断一种保健食品宣称的"效果"靠不靠谱呢？最好的办法当然是查阅科学文献。但这是一个既耗费时间又耗费精力的事情，而且必须有分辨文献靠谱程度的能力。简单一点的方法就是看一些比较专业的科普网站怎么说，如果壳、丁香医生等。这些网站上的内容是相对靠谱和可以信赖的。但无论如何，千万不要相信那些卖保健品或是有利益相关的网站。

看到这里，相信你一定对"保健食品的效果"有一个清醒的认识了。保健食品的乱象在各个国家都普遍存在。一般来说，宣传的效果越是"惊人"，我们就越要多留一份心。

第三章

# 不恐慌的技术

"致癌"食品，你的误解有多深？

# 食用加工肉制品，你心里要有数

2015 年 10 月 26 日，世界卫生组织的官网发布了通告，将加工肉制品（包括培根、火腿等）升级为了 1 类致癌物；与此同时，也将红肉（包括猪肉、牛肉等）列为了 2 类致癌物。

对肉食爱好者来说，这可真是个噩耗！

不过，冷静下来想一想，这会给我们的生活带来什么影响呢？培根、火腿之类的加工肉制品还能吃吗？

这可能要从 IARC 的致癌物分类系统说起。IARC 的全称是"国际癌症研究中心"，是世界卫生组织下属的一个研究机构。它提供了一个致癌物的分级系统，这个系统在全世界被广泛采用。它把致癌物分成 5 类：

1 类致癌物

已经确定对人类有致癌作用的物质。

2A 类致癌物

在动物实验中已经有充分的致癌证据，但对人体的作用尚不明确，理论上对人体有致癌作用的那些物质（致癌可能性较高的物质）。

2B 类致癌物

动物实验得到的致癌证据就不是很充分，人体实验证据更是有限的那些物质（致癌可能性较低的物质）。

3 类致癌物

对人体致癌性尚未归类的物质，或者虽然对某些动物有致癌作用，但已经证明对人体没有同样致癌作用的物质（一般认为其是不致癌的物质）。

4 类致癌物

没有充分证据证明有致癌作用的物质（也就是没有致癌性的物质）。

注意到了吗？这个分类系统对于致癌物的分类，根据的不是致癌物对身体的危害程度，而是致癌的可能性大小。

加工肉制品指经过盐渍、风干、发酵、熏制或其他为增加口味或改善保存而处理过的肉类。大部分加工肉制品含有猪肉或牛肉，但也可能包含其他红肉、禽肉、动物杂碎，或包括血在内的肉类副产品。加工肉制品包括培根、热狗（熏肉肠）、火腿、香肠、咸牛肉和干肉片或牛肉干，以及肉类罐头、肉类配料和调味汁等。

加工肉制品在之前是"2A 类致癌物"，而现在由"2A 类致癌物"

升级为了"1 类致癌物"，也就是说，它从"很大可能致癌"升级成了"一定致癌"。

为什么会升级呢？简单来说就是看相关研究有多少是支持"加工肉制品致癌"这一假设的。之前的实验证据不够多，所以无从判定，列为 2A 级致癌物是比较好的选择。如今，绝大部分研究都支持"致癌说"，而且这种研究的数量达到了一定的程度，于是我们就可以断定"这种物质一定致癌"，从而把它升级为"1 类致癌物"。

那么这些类型的研究是如何进行的呢？

事实上大多数都是用流行病学的手段来进行调查的。

流行病学里面有一个常用的调查方法叫做"案例对照研究"。简单来说，就是把参与实验的人分成"得了癌症的"和"没得癌症的"两组，然后调查他们的饮食状况，通过数据分析来找到饮食中可能会影响癌症发病率的因素。

目前，很多研究得出的结论是：长期大量食用加工肉制品的人群，相比于没有长期大量食用的人群来说，直肠癌和结肠癌的发病率会升高。

看到这里大家可能都明白了，网上有很多文章其实都有一定的误导性。比如说，有些文章为了博眼球，起一个类似"培根升级为 1 类致癌物，与砒霜同列"这样的名字。把培根跟砒霜并列在一起，很容易给人造成一种"培根跟砒霜一样毒"的感觉。其实，致癌性跟毒性完全不是一回事儿。砒霜虽然有致癌性，但被人熟知的还是它的急性毒性。你吃砒霜，癌症还没来得及发作呢可能就先被毒死了。

在这里也要澄清一下"致癌性"这个概念。这其实是一个概率名词，就算是 1 类致癌物，也不是说"吃了以后就会 100% 得癌症"，只是说吃了以后得癌症的概率可能比不吃高那么一些。

很多人在了解这个问题时，还忽略了一个重点：目前的研究大部分是用"长时间大剂量食用"来作为参考的。

大部分人其实经常摄入致癌物质。跟砒霜同时并列为 1 类致癌物的还有哪些呢？有雾霾、日光浴、烟草、酒精、槟榔、石棉等。如果再看看 2A 类致癌物列表，你会发现还有氯霉素、油炸制品、倒班导致的生理节奏紊乱等。要做到跟这些致癌物质或者环境完全不接触其实并不现实，但只要不是"长期大量"接触，对人体的危害确实非常有限。

由此我们可以得出一个结论：培根等加工肉制品确实致癌，但这并不代表这些东西不能吃了，只是不要长期、大量地食用这些加工肉制品。

有时我们也能见到一些跟这些推论完全相反的新闻，如有老人活到百岁，称长寿秘诀是每天吃培根，这是一个概率学的问题。研究都是大样本统计，得出的结论是"长期大剂量吃培根的人群，从总体上看，得癌症的可能性比不长期大量吃培根的高"。这当然不能排除某一个人长期大量吃培根，但最终依然健康的可能性。

最后提醒大家一下，不仅是火腿、培根、午餐肉等加工肉制品，像泡菜、咸鱼等腌制食品，还有腊肉、熏肉等熏烤制品，还有油炸食品都可能有致癌作用。这些东西偶尔吃并无大碍，但长期食用可能会增加患癌症的风险。所以说，保持健康饮食，限制摄入这些食物的量还是挺重要的。

# "红肉致癌"到底怎么破？

大家应该都听说过"红肉"致癌的说法，刚开始听到的时候，说不定还吓一跳。因为对于"无肉不欢"的荤菜爱好者来说，这可真是"灭顶之灾"啊。

难道我们喜爱的红烧肉、回锅肉、东坡肉、炖牛肉、粉蒸肉、牛排等，吃了就会得癌症？完全不愿意相信啊！

不过，请淡定！这一小节我们就来解释一下，红肉到底是什么，为什么说它"致癌"，以及最重要的一个问题：红肉真的不能吃了吗？

## 红肉与肌红蛋白

大多数人对"红肉""白肉"的叫法都耳熟能详，但很少人思考过它们的定义问题——对，我们是说，它们的定义其实是一个挺大的问题。

最初的时候，人们把自然界的肉分成两种，是基于厨子烧菜的需要，原因也很简单——做出来的菜颜色不一样。

牛肉、羊肉等肉类，生肉颜色发红，熟肉颜色为褐色；而鸡肉、鱼肉等烹饪前后颜色区别不大，看起来都呈灰白色。于是，人们就把前者称为红肉，后者称为白肉。

后来，随着研究的深入，科学家就发现，红肉之所以发红，是因为肌肉内有一种特殊的蛋白质——肌红蛋白。这种蛋白质含有的二价铁离子让肌肉变成了红色。科学家还发现，肌红蛋白具有3种不同的形态，还可以互相转化。

这个发现可以解释生活中一些很常见的现象，比如把牛肉切开时，发现切口外面一周的肉是鲜红色，而内部的肉是紫色的。这并不是肉的品质问题，只是因为肉的外层跟氧气接触，肌红蛋白的形态变成了"氧合肌红蛋白"，而里面没有变，还是红紫色的肌红蛋白本身。

还有，红肉之所以烹饪或者风干之后会变成褐色，是因为在烹饪和风干过程中，肌红蛋白的形态变成了"高铁肌红蛋白"所致。

我们回到定义上来。到这一步，"红肉"就可以定义为"肌红蛋白含量较高的肉类"，这也是传统的定义法。在大部分情况下，这种定义跟日常经验都是吻合的，但是在某些特殊情况下，这种定义会有些问题。

比如说，火鸡腿的肌红蛋白含量为 $0.25\% \sim 0.30\%$，比一般的猪肉（$0.1\% \sim 0.3\%$）要更高。那么，火鸡腿究竟该不该算是红肉呢？或者，猪肉是不是应该算是白肉？

还有，金枪鱼的肌肉中含有非常丰富的肌红蛋白，看起来是红色，所以是不是应该算是红肉？

按照传统定义，这些问题都没有明确的答案。所以各界对于"红肉"的定义，其实是比较混乱的。

于是，世界卫生组织对"红肉"做出了比较明晰的定义：别纠结了，所有来自哺乳动物的肉，都是红肉；而来自其他动物的肉都不是。这下，才让本来比较"混乱"的定义变得科学起来。

按照这种定义，红肉不一定都是红色的（比如某些猪肉、兔肉、小牛肉等），红色的肉也不一定都是红肉（比如金枪鱼肉、火鸡腿肉等）。这一点请大家特别注意。

我们下面要讨论的"红肉"的致癌性，都是基于 WHO 的定义来的。

## 红肉真的致癌吗？

要回答这个问题，首先得知道：我们是怎么知道一样东西"致癌"的？

这其实是一个很复杂的问题。

科学家如何确定一样东西"致癌"呢？他们通常会设计 3 个"关卡"，看看疑似的致癌物能通过几个。我们就用红肉来举例子吧。

首先是做动物实验。研究人员通常把实验动物分成两组，一组每天的食物中包含一定量"红肉"，另一组的食物则不包含。最后看两组动物得癌症的概率有没有差异。

之后是研究致癌机理，也就是从生物化学或者分子生物学的角度阐明，为什么红肉会引起细胞的癌变。

最后是大规模的统计学调查，比如，采用问卷调查的方式得到一组"很少或不吃红肉的人群"，再调查一组"大量吃红肉的人群"。

若干年以后，再统计这两个人群中各有多少人得了癌症。

上面说的每一项，这里都是用最简化的语言来阐述的，实际情况其实要复杂得多。而且实验也不能是完全单独的，要经过大量实验，最后都得出相同或相似的结论，才能算"证据充足"。

在这种严格的筛选下，科学家终于把大千世界中"有可能导致癌症"的物质小心翼翼地挑了出来，然后按照"证据充足程度"把它们分为 4 类，如我们上面所提到的那样。如果一样东西 3 个关卡都闯过了，那么它就会被列为"1 级致癌物"。

红肉在 2015 年被世界卫生组织列为"第 2A 级"致癌物。按照这个说法，红肉成功地闯过了"动物实验"和"致癌机理"这两个关卡，但是目前"大规模统计学调查"的证据还不够充足，所以这一关没有过。目前还不能完全确信红肉的致癌作用，只能说"很有可能对人体致癌"。

对这种分级方法，有两点特别需要说明。

第一点是，世界卫生组织的这种等级划分，基于的是"致癌的可能性大小"，跟致癌的危险性没有一点关系。举个例子，同为 1 级致癌物，黄曲霉素和砒霜只要少量接触就会有致癌风险，而加工肉制品必须要长期大量食用才会有风险。如果只因为它们同属 1 级，就说"加工肉制品跟黄曲霉素和砒霜一样危险"，那肯定是不对的。

第二点是，我们说"致癌性"的时候，都是说的大规模统计出来的"概率"，所以你肯定能找到天天抽烟喝酒（烟和酒都是 1 级致癌物）但身体倍棒还很长寿的人。对于统计学来说，少数个体的例子无法成为证据，只是特例。

我们说"红肉致癌"，其实是说"哺乳动物的肉致癌"，这跟肌红蛋白已经没有一点关系了。红肉的"红"不是它的致癌原因。那么，它致癌的原因又是什么呢？目前我们还不清楚。

解释"红肉为什么致癌"的理论有很多，有理论认为哺乳动物肉中含有的外源性唾液酸会引起细胞的炎症反应，加大细胞癌变的可能性；也有理论认为红肉本身不致癌，其烹饪过程产生的杂环芳烃和杂环胺类才是罪魁祸首。真相到底是怎样，有待进一步实验验证。

## 那么，红肉还能吃吗？

每种致癌物会导致的癌症是有区别的，对于红肉来说，与其关联最大的癌症是结肠癌和直肠癌。

按照目前有限的证据来看，如果红肉真的致癌，那么你每天多吃 100 克红肉，这两种癌症的风险会提升 17%。但要注意的是，癌症的发生本来就是一个小概率事件，提升 17% 之后，仍然是一个挺小概率的事件。

但是，光谈致癌性不谈营养价值，就是耍流氓。红肉除了富含人体必需氨基酸之外，还是补充铁和锌的重要来源，而且含有大量 B 族维生素。这些东西对健康都是有已知的益处的。为了"致癌的可能性"而抛弃这些益处，并不值得。

我们的观点是，均衡营养才是保持健康的正道。红肉确实不能摄入过多，除了"致癌性"之外，过多的饱和脂肪也会对健康造成不利影响。但是如果因为害怕"致癌"而一点红肉都不吃，那就是矫枉过正了。

《中国居民平衡膳食宝塔（2016）》所推荐的"肉类"的每日摄入量为 50～75 克。想要吃得更"健康"一点，在摄入红肉时可以参考下面的建议：

🍓 不要吃太多煎炸、烤制的食物；烹制时尽量选择蒸、煮等方式，因为煎炸和烤制可能会生成杂环芳烃、杂环胺等致癌物。

🍓 尽量少吃加工肉制品（比如经过腌制、发酵、风干、烟熏等加工过程的肉品）。

🍓 少吃脂肪含量高的红肉，以减少饱和脂肪对健康的影响。

## 总结

1. 世界卫生组织对于红肉的定义是"所有来自哺乳动物的肉"，跟它是否发红没有关系。

2. 红肉被定为 2A 类致癌物，只是"致癌可能性比较高"，不是"一定致癌"。

3. 根据大规模统计来看，每天多吃 100 克红肉可能会让癌症风险升高 17%。

4. 红肉对健康有已知的益处，因此我们在看待红肉问题上，要把致癌风险和益处平衡起来看。

# 亚硝酸盐，其实还没有培根可怕

"加工肉制品都添加了大量亚硝酸盐！如果不想得癌症就少吃这些东西！""酱菜和腌菜里面也含有大量亚硝酸盐！别吃这些东西！"

相信大家也听过类似这样的"忠告"，也肯定对这种添加剂没什么好印象。我们可能找不到第二种食品添加剂能够像亚硝酸盐这样，背负着那么多的非议和骂名，却又屹立不倒。那么，亚硝酸盐到底是什么东西？为什么它会被添加到食品中？

## / 神秘的中毒事件

事情要从 18 世纪末开始说起。

火腿和香肠历来是人们喜闻乐见的食物，对于 18 世纪末的人们当然也不例外。但是，那时的火腿和香肠，往往还意味着意想不到的风险。

1793 年，德国的 Wildbad 小镇发生了严重的食物中毒事件，13人发病，其中 6 人因此死亡。经过调查发现，他们曾经食用了同一批次的香肠。这种类型的中毒就被暂时称为"香肠毒"。

虽然在之后的一段时间内，类似的中毒事件一直在发生，但人们不知道原因，对此也束手无策。

这些中毒事件有一个显著的特征：中毒者的症状并不是像普通食物中毒一样腹泻呕吐，而是非常恐怖地"失去控制肌肉的力量"。一开始，中毒者可能只是觉得疲倦无力，接下来发现手抬不起来了，眼睛睁不开了，也无法开口说话了；最后连呼吸都无法进行，从而缺氧而死。

时间跨越到差不多 100 年后，1896 年，比利时的一场乡村音乐会上，这种神秘的中毒事件又一次进入人们的视野。这次有 23 人发病，有 3 人因此死亡。

刚才没有提到的是，科学一直在迅速发展。这 100 年间，微生物学从无到有建立起来，并慢慢发展完善了。在中毒事件发生后，人们首先怀疑的就是，很可能是食物中的某种微生物导致了中毒。

果不其然，法医最终从中毒者的消化道中分离出了这一切的罪魁祸首。它的名字你一定听过：肉毒梭菌。

这种细菌在自然界广泛存在，而造成这一切中毒事件的，就是这种细菌分泌的毒素，我们把它称作肉毒毒素。它是目前世界上已知的最毒的物质，只需 0.1 微克就能把一个正常人置于死地。

## 硝石与加工肉制品

那我们是不是对这种细菌一点办法都没有呢？

当然不是。各国在很久以前就有一个腌制香肠、火腿等的秘密配方：在腌制过程中添加硝石。

最开始，人们当然不懂微生物知识，添加这种东西的目的很单纯，就是为了让肉的颜色变得更好看。添加了硝石的肉会变得红彤彤的，看起来比较有食欲。而没有添加硝石的肉看起来颜色有些灰暗。

后来有人发现，如果肉制品中添加了硝石，似乎就从来不会有肉毒梭菌中毒的事情发生。大家知道，硝石的主要成分是硝酸盐。而这一切又是为什么呢？

19世纪到20世纪这段时间里，人们终于发现，硝酸盐可以特异性抑制肉毒梭菌的生长繁殖。人们本意是用硝石让肉的颜色更好看，没想到却得到了"防腐"的意外收获！添加了这种东西，就再也不怕出问题了。

而硝酸盐之所以可以发挥作用，是因为它在被添加到肉制品的过程中，转变为了亚硝酸盐。所以说，真正最终发挥作用的是亚硝酸盐。大家发现了这一点之后，就开始直接往肉制品中添加亚硝酸盐来代替了。

久而久之，添加亚硝酸盐便成为了肉制品加工的行业规范。那么，添加这种东西究竟是为了颜色好看，还是为了防止肉毒梭菌污染呢？答案是两者都有，而且这两个作用都非常重要。这就导致了亚硝酸盐在肉类加工中更加不可或缺了。

## / 亚硝酸盐的致癌性

亚硝酸盐本身没有致癌性，只有急性毒性，一次性大剂量（0.3 ~ 0.5 克）摄入后会引发中毒。但是，平常的食物中残留的亚硝酸盐，其实离中毒剂量还差得很远。我们只要不把亚硝酸盐当食盐添加进菜中，就不用担心这种风险。

而我们平时说亚硝酸盐"致癌"，是因为它会和肉类中的氨基酸发生反应，生成亚硝胺类物质。

亚硝胺类物质在国际上被列为 2A 类致癌物。所谓 2A 类致癌物，就是指在动物实验中已经被证明"会致癌"，但人体实验的结果还不明确的一类物质。

这么看来，食用含有亚硝酸盐的食品，确实会有致癌的风险。但是，大家也不必过度担心，因为食品科学家们经过多年的努力，已经找到了"破解"的办法。

那么，具体的破解方法是什么呢？

说起来也很简单，既然亚硝胺是致癌的元凶，如果某种东西可以阻止亚硝胺的形成，那么即使食物里添加了亚硝酸盐，也不会威胁到人们的健康了。

这种东西真被科学家找到了，而且它太常见了，说出来大家都知道。它就是维生素 C（也叫抗坏血酸）。

但是，维生素 C 是一种很酸的东西，如果添加到香肠和培根里，肉的味道就不对了！于是，食品科学家就设计出了和维生素 C 结构类似，效果相同，但是没有酸味的"D- 异抗坏血酸钠"。只要有它在，亚硝酸盐向亚硝胺的转变就会被抑制，亚硝胺的形成也会受阻。

所以，下次去超市买香肠、火腿等加工肉制品的时候，看看配料表，在"亚硝酸盐"的附近，往往可以看到"D-异抗坏血酸钠"的身影哦。只要有它在，我们就不会吃进太多亚硝胺类的致癌物质。

可是，如果黑心商家往食品里面大量添加亚硝酸盐，那不是不管添加多少"D-异抗坏血酸钠"都没用了吗？而且说不定还会急性中毒呢！

其实，不用担心这个，因为亚硝酸盐在食品中的含量是有严格的限量标准的。

食品安全国家标准（GB 2760-2014）对每种食品中亚硝酸盐的"最大使用量"和"最大残留量"都做了非常详细的规定。而且对

各类加工肉制品中亚硝酸盐的最大使用量及最大残留量

| 食品名称 | 最大使用量（g/kg[①]） | 备注 |
| --- | --- | --- |
| 腌腊肉制品类（如咸肉、腊肉、板鸭、中式火腿、腊肠） | 0.15 | 以亚硝酸纳计，残留量 ≤ 30 mg/kg[②] |
| 酱卤肉制品类 | 0.15 | 以亚硝酸纳计，残留量 ≤ 30 mg/kg |
| 熏、烧、烤肉类 | 0.15 | 以亚硝酸纳计，残留量 ≤ 30 mg/kg |
| 油炸肉类 | 0.15 | 以亚硝酸纳计，残留量 ≤ 30 mg/kg |
| 西式火腿（熏烤、烟熏、蒸煮火腿）类 | 0.15 | 以亚硝酸纳计，残留量 ≤ 70 mg/kg |
| 肉灌肠类 | 0.15 | 以亚硝酸纳计，残留量 ≤ 30 mg/kg |
| 发酵肉制品类 | 0.15 | 以亚硝酸纳计，残留量 ≤ 30 mg/kg |
| 肉罐头类 | 0.15 | 以亚硝酸纳计，残留量 ≤ 50 mg/kg |

① g/kg 即克 / 千克，意思为每千克中某物质含量为多少克。

② mg/kg 即毫克 / 千克，意思为每千克中某物质含量为多少毫克。

于加工肉制品来说，亚硝酸盐残留量也是品控的必检项目。只要购买正规厂商的产品，就基本不用担心超标的问题。

## 尽量少吃加工肉制品

通过前面的介绍大家大概知道了，其实亚硝酸盐没有想象中那么恐怖，虽然有致癌性，但目前也有办法"破解"。

但如果听了上面的介绍，就觉得香肠、培根等加工肉制品可以放心大胆吃了，那就又陷入了另一个极端。因为加工肉制品本身也是致癌物，而且比亚硝胺类物质还要高出一级，属于1级致癌物，已经证明对人类有确定的致癌作用。当然，这不是说加工肉制品的危害更大，只是说"致癌的可能性更高"。

### 总结

1 亚硝酸盐能特异性抑制肉毒梭菌繁殖，也能使肉色保持红润，所以在加工肉制品中必不可少。

2 亚硝酸盐的致癌性来自亚硝胺，但亚硝胺可以通过添加"D-异抗坏血酸钠"的方式去除。

3 加工肉制品本身也致癌，所以不要长期大量食用。

# 隔夜菜究竟会不会致癌？

做的饭菜一顿吃不完，这是再常见不过的事情。但是大家往往会担心隔夜菜的安全问题。

"剩菜里会不会有亚硝酸盐呢？"

"听说隔夜菜亚硝酸盐超标很多倍，好担心啊。隔夜菜真的是健康杀手吗？"

下面，我们就一起来看看，隔夜菜是否真的有那么可怕？

## 流言的缘起和"证实"

我们先来回顾一下，"隔夜菜亚硝酸盐超标"这种说法到底是如何产生的。

2011年，《都市快报》发表了"隔夜菜放冰箱24小时 亚硝酸盐含量全部严重超标"一文。在文章中，记者和浙江大学食品科学学院合作进行了一项实验。

那么，我们来看看实验是怎么做的吧。

他们首先请杭州的一家"知名中高档连锁餐厅"的厨师烧了4

道菜，分别是炒青菜、韭菜炒蛋、红烧肉和红烧鲫鱼。这 4 个菜比较有代表性，涵盖了我们日常生活中最常见的几种食物。

随后，他们立即把每道菜平均分成 4 份，分别装入保鲜盒中，置于 4℃冷藏环境中保存。在半小时、6 小时、18 小时和 24 小时这四个时间点分别取样，测定亚硝酸盐的含量。

测定结果表明，6 小时后，红烧肉中亚硝酸盐含量率先突破《食品中污染物限量标准》。18 小时后，4 道菜中只有韭菜炒蛋依然“坚挺”，其他都已经超标。而在 24 小时后，所有的菜都已经“沦陷”，亚硝酸盐全部严重超标。

24 小时后，亚硝酸盐炒青菜超标 34%，韭菜炒蛋超标 41%，红烧肉超标 84%，红烧鲫鱼超标 141%。

为了严谨起见，他们还做了常温下的平行实验。红烧鲫鱼在常温下放置 4 小时后，亚硝酸盐含量就达到了 8.9483mg/kg，已经超过冷藏 24 小时的含量了。看来，冷藏至少对亚硝酸盐的增加还是有一定抑制作用的。不冷藏，结果更糟糕。

## 实验的隐藏漏洞

那么，“隔夜菜”真的有那么恐怖吗？本来好好的菜，只需放上一段时间，亚硝酸盐就超标了那么多。我们是不是以后都不要吃隔夜菜比较好？

不要恐慌！

这个结论并不正确，这是因为实验有一个很大的漏洞。这个漏

洞不是实验本身，而是他们参考的标准《食品中污染物限量标准》
（GB 2762–2005）。

食品中亚硝酸盐限量指标（GB 2762–2005）

| 食品 | 限量（mg/kg）<br>（以 NaNO$_2$ 计） |
|---|---|
| 粮食（大米、面粉、玉米） | 3 |
| 蔬菜 | 4 |
| 鱼类 | 3 |
| 肉类 | 3 |
| 豆类 | 5 |
| 酱腌菜 | 20 |
| 乳粉 | 2 |
| 食盐（以 NaCl 计） | 2 |

要破解这个"漏洞"，我们首先要了解一个背景知识：平时吃的水果和蔬菜内，本来就含有一定量的硝酸盐和亚硝酸盐。硝酸盐来自植物本身的新陈代谢，而亚硝酸盐则来自植物体内还原酶的催化作用。

一旦植物被收割，由于细胞结构的破坏，还原酶就会被释放出来，加上一些细菌的作用，就导致了亚硝酸盐被源源不断地制造出来，而无法被分解。只要蔬菜收割以后不马上吃掉，这个过程就一直在发生，跟做熟不做熟没有太大关系。

也就是说，如果你买了一些蔬菜回来，即使没有烹饪它，放置一晚上它们的亚硝酸盐含量还是会上升。而且，烹饪导致了植物体内还原酶的失活，从一定程度上还能减弱亚硝酸盐的生成过程呢！

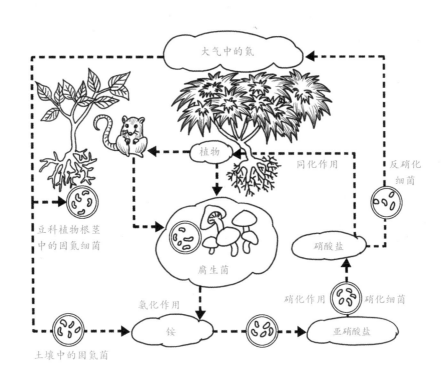

自然界的氮循环示意图

那么，肉类中的亚硝酸盐又是从哪里来的呢？

肉类本身的亚硝酸盐含量是极低的。一些荤菜中检出了亚硝酸盐，很有可能是因为添加了包含亚硝酸盐的素菜（如葱、姜等）和调料（酱油等）。

总之，不管是荤菜还是素菜，检出亚硝酸盐，而且含量随时间逐渐升高，都是非常正常的化学反应，这并没有什么值得惊奇的。

了解完背景知识，让我们回到"漏洞"本身。

这个漏洞是这样的：这个 2005 年的标准，针对的食品本来就是"新鲜蔬菜"和"新鲜肉类"。如果新鲜蔬菜、肉类中检出了大量亚硝酸盐，这很有可能说明食品生产的区域被亚硝酸盐污染了。在这种情况下，管理部门就会调查，确定污染源，采取措施应对。这是这个标准的意义所在。

而对于已经隔夜，甚至做熟的蔬菜、肉类，根本不在这个标准的控制范围以内。在时间的作用下，它们超出了"新鲜"时的标准，这也是很正常的事情。

之前的一些研究表明，只要我们吃的蔬菜不是地里"现场拔出来"的，即使是在菜市场买到的，亚硝酸盐含量也有很大可能超过了这个标准。

而这个实验的设计者却把它曲解为"只要超过这个标准，就会危害健康"，事实并非如此。这些菜中亚硝酸盐的含量，离危害健康还很远呢。

## 新标准"啪啪打脸"

在这个实验结束一年后，卫生部颁发了新的《食品中污染物限量标准》（GB 2762-2012）。在这个新标准里，关于新鲜蔬菜和肉类的亚硝酸盐含量限制都被取消了！

食品中亚硝酸盐、硝酸盐限量指标（GB 2762-2012）

| 食品类别（名称） | 限量（mg/kg） | |
|---|---|---|
| | 亚硝酸盐<br>（以 $NaNO_2$ 计） | 硝酸盐<br>（以 $NaNO_3$ 计） |
| 蔬菜及其制品<br>　腌渍蔬菜 | 20 | — |
| 乳及乳制品<br>　生乳<br>　乳粉 | 0.4<br>2.0 | —<br>— |
| 饮料类<br>　包装饮用水（矿泉水除外）<br>　矿泉水 | 0.005 mg/L（以 $NO_2$ 计）<br>0.1 mg/L（以 $NO_2$ 计） | —<br>45 mg/L（以 $NO_3$ 计） |
| 特殊膳食用食品<br>　婴幼儿配方食品<br>　　婴儿配方食品<br>　　较大婴儿和幼儿配方食品<br>　　特殊医学用途婴儿配方食品<br>　婴幼儿辅助食品<br>　　婴幼儿谷类辅助食品<br>　　婴幼儿罐装辅助食品 | <br><br>2.0[a]（以粉状产品计）<br>2.0[a]（以粉状产品计）<br>2.0（以粉状产品计）<br><br>2.0[c]<br>4.0[c] | <br><br>100（以粉状产品计）<br>100[b]（以粉状产品计）<br>100（以粉状产品计）<br><br>100[b]<br>100[b] |

[a] 仅适用于乳制产品。
[b] 不适合于添加蔬菜和水果的产品。
[c] 不适合于添加豆类的产品。

　　大家可能有这样的疑惑：为什么要取消这个限量？我们来看看官方是如何解释的吧：

　　　　对于肉类制品，按照食品添加剂的管理要求不再在污染物中提出重复要求。

　　　　对于蔬菜制品，国际上仅有欧盟制定了分季节控制的蔬菜中硝酸盐限量，鉴于硝酸盐与蔬菜中维生素 C 存在动态相关且在蔬菜中硝酸盐是一个变化、不可控制的参数。为此，考虑到操作性问题，不对蔬菜中硝酸盐设限量管理要求。

摘自《食品安全国家标准食品中污染物限量标准》（征求意见稿）编制说明

这段话的意思就是，新鲜蔬菜由于不同品种、不同季节差异太大，不好操作，所以 2012 年之后对其所含的亚硝酸盐就不再设限。而对于肉类，目前的限量标准就是亚硝酸盐作为"添加剂"时的限量标准。

如果按照新标准来看，那么上面这 4 道菜的情况又如何呢？

在上文中我们提到，亚硝酸盐作为食品添加剂，在加工肉制品中残留量标准为 30 ~ 70 mg/kg，在酱腌蔬菜中残留量标准为 20 mg/kg。而前面提到的那 4 道菜在放了 24 小时以后，亚硝酸盐含量分别是 5.36 mg/kg、5.64 mg/kg、5.52 mg/kg 和 7.23 mg/kg。

一句话，离这个上限差得还远着呢！

既然加工肉制品、酱菜、腌菜等食品都可以正常食用，那又有什么理由因为这一点亚硝酸盐的存在而拒绝隔夜菜呢？

有人可能会问，新老标准差那么多，不免令人担心，人体真的可以容忍那么高的亚硝酸盐摄入量吗？我们吃了会不会中毒啊？

这个大家可以放心。亚硝酸盐的中毒剂量为 0.3 ~ 0.5g。经过简单计算可得：就算是含量最大的 7.23 mg/kg 的隔夜菜，也至少要连续吃上 82 斤，才有可能出现中毒症状。而所谓的"致癌性"，我们在之前关于亚硝酸盐的文章中已做过详细阐述。

所以说，隔夜菜中亚硝酸盐含量确实大幅上升，但并不会对身体造成实质上的损害。

## 隔夜菜绝对安全？

那么，隔夜菜是不是可以放心大胆地吃了呢？

世事无绝对。吃隔夜菜的风险确实比吃新鲜菜更大。只是比起虚无缥缈的"亚硝酸盐危害"，我们更应该关注微生物污染的问题。

菜品放的时间越长，微生物污染的可能性越大。一般来说，微生物大量繁殖的"危险区间"在 4 ~ 60℃之间。冷藏温度虽然在4℃，但还是有一些耐冷细菌（如李斯特菌）和霉菌等会大量繁殖。这些也是造成冰箱里食物腐坏的罪魁祸首。

为了防止微生物污染，我们在吃隔夜菜的时候，也要稍微讲究一些。下面就给大家提供一些巧吃隔夜菜的小建议：

● 菜品放入保鲜盒之前最好加热一下，这样可以最大限度除去表面的细菌。

● 冰箱里的生食区和熟食区要严格区分，防止交叉污染。

● 熟食尽量不要在冷藏层放置超过2天。

● 吃之前对食物进行检查，如果发现有异味，应该马上直接扔掉。

● 不要反复加热、冷藏食物。

# 糖和脂肪到底哪个更坏？

2014 年年初 BBC 播放了一个纪录片，它是"地平线"系列纪录片中的一集。而"地平线"系列主要为大众科普一些令人震惊的最新科学技术以及新的科学观点等，算是 BBC 比较老牌的科普类纪录片了。

在这个视频中，同卵双胞胎兄弟克里斯和赞德想弄明白究竟糖和脂肪谁"更坏"，就进行了一项"实验计划"，分别进行为期一个月的"高糖低脂饮食"和"低糖高脂饮食"，并且在实验过程中密切监测身体变化。

我们在关注这个结论之前，首先要弄明白一个问题：这个视频本身真的可信吗？

BBC 的这个"实验"利用了同卵双胞胎作为观察对象，确实很好地回避了基因差别的问题。但是，我们实在很难把它称作一个严谨的"实验"。

首先就是样本量的问题。营养学的课题，研究起来本身就比较困难。难点在于，每个人的身体情况都不同，从肠道菌群到各种营养物质的代谢，都会有很大差异。这个实验只有两个对象，并没有普遍意义，有可能得到的结果只是这两个人的特例。

　　一个真正有可信度的实验，至少会找几十人，甚至上百人来做人体试验，而且这些人要尽量保证差异化，这样才能用统计方法排除掉这些"特例"，得到一个比较具有普遍性的结果。

　　第二点就是控制变量的问题。在这个实验中，有很多变量都没有得到很好的控制。比如说，这对双胞胎兄弟的体脂率就有很大差异，其中吃糖的那位是 22%，而吃脂肪的那位是 26.7%。

　　别小看体脂率的差异，因为 26.7% 的体脂率已经可以被诊断为"肥胖"了。一个正常人和一个肥胖的人，代谢过程当然会有微妙的区别，而这些区别会干扰到最后的实验结果。

不同体脂含量的人的胖瘦程度

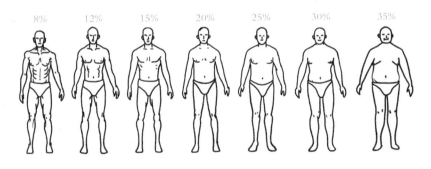

　　此外，营养学家给两人设计的食谱也不一样，吃糖的那位主要以谷类、水果等为主食，而吃脂肪的那位主要以肉类、奶酪等为主食。

　　这样就有一个问题：吃脂肪那位不仅吃脂肪多，而且也比吃糖的那位多摄入了一堆蛋白质！这些蛋白质其实会在体内部分转化为糖，这当然也会干扰实验结果。

有些读者有可能会感到奇怪，为什么蛋白质会转变成糖？蛋白质不是应该转变为脂肪吗？

这是因为，在糖类摄入不足的情况下，身体为了让血糖达到正常水平，会启动一个名叫"糖异生"的机制，将蛋白质消化得来的氨基酸转变为糖类。这个转化过程主要在肝脏中进行。

所以，如果这个实验要保持严谨性，可以让两人每天都吃相同的基础食谱，其中一个人在这个食谱的基础上多摄入一定热量的脂肪，另外一个人多摄入相同热量的糖。这样的话，实验里的两个人对于其他食物成分的摄入量都一样，只有脂肪和糖分不一样，这样设计的实验就能更严谨一些。

所以说，这里得出的结论是，BBC 播放的这个纪录片，不能称作"实验"，可能被称作一场"真人秀"更合适。它得出的结果可能有参考价值，但并没有科学意义。

BBC 的视频中，最后不管参与者是只吃糖还是只吃脂肪，一个月后体重都有降低。这其实并不能说明"单一营养物质饮食"就能减肥，更有可能是因为突如其来的营养物质缺乏导致身体还没有做好适应的准备。

虽然这么做表面上看体重是降低了，但是长期这么吃的话，糖尿病、肥胖、心血管疾病的风险都会提高。营养学家当然不会建议你这么吃。

最后，让我们回到本身问题上，那就是糖和脂肪究竟谁的危害更大呢？其实，在这个问题上，目前营养学界还没有明确的答案。这也是一个非常难以量化的问题。

我们平常的膳食当然不可能如此"极端化"地回避某一种营养物质，所以糖和脂肪谁危害更大，是很难通过大样本调查来得到数据的。不过，我们也不必纠结于这个问题。

糖和脂肪都是我们必需的、重要的营养物质。糖类能给我们提供能量，膳食纤维能改善肠道的消化功能，脂肪是脂溶性维生素的必要载体，必需脂肪酸也会参与人体的生理活动。糖和脂肪在我们的膳食中，是缺一不可的。

《中国居民平衡膳食宝塔（2016）》所推荐的膳食建议

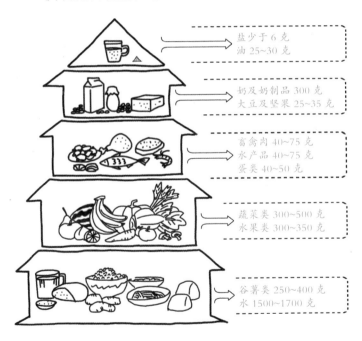

盐少于 6 克
油 25~30 克

奶及奶制品 300 克
大豆及坚果 25~35 克

畜禽肉 40~75 克
水产品 40~75 克
蛋类 40~50 克

蔬菜类 300~500 克
水果类 300~350 克

谷薯类 250~400 克
水 1500~1700 克

正如该视频中所说的，导致我们肥胖的元凶，其实不是糖本身，也不是脂肪本身，而在于我们摄入了过多的热量。特别是糖和脂肪一起出现时，更令人欲罢不能，就不可避免地摄入热量过多。

所以，要想控制体重，控制摄入的热量才是至关重要的，只关注"减糖"或者"减脂肪"都会略显偏颇。

既然糖和脂肪都是必需的，又不能过多摄入，所以我们在吃糖和吃脂肪的时候，记得要有选择性。下面就给大家提供几个小建议：

● 摄入糖类的时候，多摄入"低升糖指数"的食物有利于健康，比如粗粮等。不要摄入过多的"游离糖"，比如很甜的糕点、饮料等。

● 摄入脂肪时，摄入"不饱和脂肪酸"，特别是摄入"多元不饱和脂肪酸"更有利于健康。这些物质可以在蔬菜、鱼肉、种子中找到。

● 尽量避免摄入"反式脂肪酸"，比如人造黄油等。

● 即使食物再健康，摄入过多也会胖。

说到这里，也许有些读者会觉得，吃得健康原来这么不容易，需要考虑这么多。要是有文章能直接告诉我们哪些食物是有利于健康的，可以尽情吃；哪些食物是不利于健康的，最好不要吃，那就省事了。事实上，很多虚假宣传正是抓住了大家这样的心理，才会弄虚作假来吸引关注。事实上，营养学太复杂了，又有关每个人的健康，如果忽略种种影响因素，只是一刀切地讲一些极端的话，反而是对读者的健康不负责任。

# 关于食物防腐剂，你的误解有多深？

近些年，人们越来越关注食品安全问题，都想吃到健康又放心的食品。于是，在某些媒体的催化下，食品防腐剂就成了众矢之的。不少人认为防腐剂就是"毒药"，吃了添加防腐剂的食品就会损害健康。

其实，这些年，食物防腐剂都被大家冤枉了。

## 被冤枉的防腐剂

一说到防腐剂，人们往往认为它是有害的。其实，这是个很大的误解。

我们首先得明确一点：广义上来说，任何物质都是有毒的，离开剂量谈毒性是耍流氓。就连我们生命中不可或缺的水和氧气，在剂量足够的条件下也会引起水中毒和氧中毒呢！

防腐剂也不例外。我们国家针对食品防腐剂制定了严格的使用标准，其中就包括使用范围和安全剂量。一种防腐剂要在无数种有防腐效果的物质中脱颖而出，成为被批准使用的"法定防腐剂"，背后是有着无数有关毒理、代谢的研究支持其安全性的。

可以这么说，对于正常的成年人来说，在不超过安全剂量的情况下，这些防腐剂完全是安全的，并不会影响健康。

有人会问，我每天都吃很多食物，每种食物的防腐剂加到一起，会不会超过安全剂量呢？

不用担心，国家制定标准时早就考虑到了这个问题。标准制定时会考虑每种食品在日常饮食中的比例，然后再把防腐剂的最大允许含量相加，如果这样还是远低于安全剂量，才能正式定为标准。

如果有不法商贩无视标准，乱加防腐剂呢？

如果真是这样，确实会对健康造成危害。但我们要知道，防腐剂成本并不低，如果不超量就能达到防腐效果，那为什么要超量呢？不法商贩又不是傻子。

而且，如果食品原料本身就不卫生，食品已经被微生物严重污染，超量添加防腐剂也是没用的——防腐剂通常只能抑制微生物繁殖，并不能杀菌。

其实，现在被广泛应用的防腐剂，很多都是天然存在的，只不过我们用化学工业的方法大量制造了而已。

比如，常用的防腐剂苯甲酸就天然存在于蓝莓、蔓越莓中；而另一种防腐剂山梨酸在很多树果中都存在，本身就可以被看成一种不饱和脂肪酸，经过人体代谢后会像其他脂肪酸那样分解成二氧化碳和水。

如果这样你还认为这些食物不能吃，那可能大部分食品都不能吃了。

## 食物为什么会腐坏?

顾名思义，防腐剂就是防止食物腐坏变质的物质。那么，食物为什么会腐坏变质呢？

这就要说到微生物了。微生物普遍存在于日常环境中，我们吃的食物中当然也会存在一定量的微生物。

这些微生物通常不会对我们产生什么危害，但是如果食物的环境正好适合它们生长繁殖，在经过一段时间的缓慢生长后，它们就会突然大量繁殖，并产生一系列有毒物质。人吃了这种变质的食品后，就会出现腹泻、呕吐，甚至更严重的食物中毒症状。

## 保质期长，不代表添加了防腐剂

既然食物会受微生物影响腐坏变质，那是不是所有的食物都得添加防腐剂呢？

这可不一定，有些食物自带"不变质"光环，根本没必要添加防腐剂。

### 食物不适合微生物生存

刚才说了，只有食物的环境适合微生物生长繁殖，微生物才有可能在其中大量滋生。所以，有些食物，它们的环境根本不适合微生物生存。这样的食品不添加防腐剂，保质期也可以很长，比如蜂蜜。

蜂蜜的主要成分就是糖——葡萄糖和果糖，水分含量很少。细菌到了这样的环境中，由于渗透压的关系，会大量失水后干死——就像用盐来杀死虫子一样。这样一来，蜂蜜不需要任何防腐剂也可以轻松保存 2 年以上。

还有很多干货，如肉干、鱼干以及咖啡粉、奶粉乃至方便面等，它们本身的水分含量就少得可怜，微生物根本活不下来，所以也可以存放很久都不变质。

所以说，高糖、高盐、缺水的环境，其实就是天然的防腐剂。

但请注意，这些食品如果长时间接触空气，就有可能会吸收空气中的水分。水分吸收多了，就可能会到达微生物（特别是霉菌）的最低生活条件。所以一定要注意密封保存，以防食物吸收水分导致变质。

**食物已被"好微生物"占领，"坏微生物"进不来**

有的食物本身就是通过发酵得到的，食物里充满了优势菌种，别的菌种根本无法在这里"安营扎寨"，比如酸奶。

酸奶里的乳酸菌占了绝大多数，即使有杂菌，也很难在这种充满乳酸菌的环境里成功活下来，更别说繁殖了。所以，酸奶是不用添加防腐剂的。

不过，酸奶放久了，乳酸菌产生的乳酸大量累积，会严重影响口味。而且，酸奶如果放得太久，乳酸菌都死了，别的微生物就有可能"乘虚而入"了。所以，酸奶的保质期一般不会超过一个月，而且需要冷藏放置（常温酸奶除外，我们在接下来的内容中会有详细解释）。

**食物已经过灭菌处理**

有些食物在销售之前，微生物都已经被杀死了，再经过无菌包装后，食品所在的环境就可以做到几乎没有任何微生物。这样，食品自然就可以放很久而不会坏，比如超高温灭菌处理过的牛奶。

这种牛奶在包装前要在135℃以上的环境下保持1～2秒钟，这样的处理可以杀死几乎所有微生物。所以，超高温灭菌过的牛奶保存一年都没问题，自然就没必要再添加防腐剂了。

不过，凡事都有两面性，这样做也会对牛奶的口味和营养价值产生一定影响。

常温酸奶也是这种情况。这种酸奶在出厂前要经过热处理，把乳酸菌全部杀死。这样处理过的酸奶就可以在常温下放置很久都不会有什么口味上的改变，不过因为没有了乳酸菌，健康益处可能会打折扣了。

## 为什么要添加防腐剂？

一句话，为了食品安全。

如果一种食品各方面条件都适合微生物的生长繁殖，而又没有彻底灭菌，那么添加防腐剂是最好的延长保质期、确保食品安全的方法。

比如，有些果汁中会添加山梨酸钾作为防腐剂。有人会问，为什么不进行超高温灭菌呢？

这是因为果汁经过超高温灭菌后会损失很多营养物质，味道也会有很大改变。而山梨酸钾作为一种安全的防腐剂，只要用量符合规定，并不会危害健康。

权衡利弊之后，使用防腐剂也就是情理之中的事了。

再比如说，很多加工肉制品，如火腿、午餐肉以及罐头制品中都会添加亚硝酸钠。这种物质不仅是防腐剂，也是一种发色剂。添加了亚硝酸钠的肉类色泽会比较红润，卖相看上去会更好。当然，这不是重点。

之所以添加亚硝酸钠，一个很重要的原因是为了抑制肉毒梭菌的生长。如果食物被这种细菌污染，人吃了以后就可能会发生肉毒症——严重时甚至会危及生命！肉毒梭菌分泌的肉毒毒素是目前已知的毒性最强的物质！

所以，为了预防发生肉毒症的风险，在这些食品中添加亚硝酸钠也是不难理解的。

## 不添加防腐剂未必更健康

在超市逛一圈，"不添加防腐剂"的宣传还真不少。那么，不添加防腐剂的食物真的就更健康吗？

真不一定。

### 首先是安全问题
如果一种食品本来应该加防腐剂，但却没有添加防腐剂，那么吃这种食品是相当危险的。

比如说，如果罐头食品中没有添加亚硝酸盐，吃过以后就有患肉毒症的风险。从这个角度来看，防腐剂实际上为保障食品安全做出了很大贡献。

### 然后是健康问题

食品健康不健康，跟有没有添加防腐剂没有关系。

比如说，很多油炸型方便面都不添加任何防腐剂，但这并不妨碍它们是高脂肪的油炸食品。

再比如说，有些商家为了打出"不添加任何防腐剂"的宣传，在食品中大量添加盐、糖来代替防腐剂。这样的食品不仅不会更健康，还会影响食品的口感。

**总结**

防腐剂并不是"毒药"，只要严格按标准使用，并不会损害健康。从某种意义上甚至可以说，如果没有防腐剂，我们也许无法在货架上买到那么多安全的食品。

比起"谈防腐剂色变"，人们更应该关注如何合理饮食、均衡营养。

# 你吃的牛排，是用胶水粘起来的碎肉吗？

有段时间，澳洲某电视台曝光了一个食品行业的"内幕"：有很多牛排实际上是用碎肉拼接而成的"胶水牛排"。

那么，这些牛排真的是"胶水"粘成的吗？是用什么样的"胶水"粘结成的呢？吃了对身体会有什么损害呢？

## / "重组肉"与"原切肉"

实际上，"胶水肉"早已不是新闻，它一直是肉类产品中很重要的种类，而且有着更专业的叫法："重组肉"。

重组肉在日常生活中随处可见，比如牛肉汉堡的肉排就是很常见的重组肉，它是用碎牛肉做成的。此外，麦乐鸡、上校鸡块等小吃也都是用重组肉制成的。

重组肉技术在 20 世纪 70 年代就开始出现，随后在肉类生产中被广泛使用，至今已有 40 多年的历史。

早在 2004 年 10 月，台湾就发生了"重组牛排"广受质疑事件。当时王品集团旗下多家牛排馆被曝光使用了"重组肉"制作牛排。

事情最后的结局是，王品集团下架了所有使用"重组肉"的牛排产品，并更换了使用原切肉的新品。

目前行业对于"重组肉"暂时没有明确的定义。一般来说，经过调整、塑形、绞碎、组合、黏结、调味等过程和工序制作而成的肉制品，都可以称为"重组肉"。

相对于"原切肉"来说，"重组肉"的好处当然不只有降低成本和提高畜肉利用率这两点。因为重组肉是碎肉组合而成的，质地相比起来高度均匀，所以它还有一个好处——增加产品的一致性。对于肉类食品厂商来说，使用重组肉是更低成本和更高效的选择。

## / 此"胶水"非彼"胶水"

网络上火爆的内容，往往少不了这么一句："你常常吃的牛排，是碎肉加胶水黏合而成的！"

看到这里你一定在想，到底用什么胶水才能把碎肉牢牢粘在一起？固体胶还是 502 胶？这些胶水会不会对人体有害？

其实，这只是一个比喻而已。在重组肉中，把碎肉组合在一起的当然不是我们通常使用的"胶水"，而是一些特殊的食品添加剂。它能使肉类的蛋白质之间形成一些化学联结，把碎肉紧紧固定在一起。

比较常见的"食品胶水"有磷酸盐、TG 酶、卡拉胶、海藻酸钠等，其中 TG 酶（全称谷氨酰胺转氨酶）的效果最好，目前应用也最广泛。

而上面所说的这些添加剂，都是合法且被食品工业广泛使用的添加剂，通常情况下是安全的，不会对健康造成危害。如果添加过量，肉类的味道和口感很可能会有很大下降，牛排肯定不会有之前的那么好吃，所以厂商也不会添加过多。

需要注意的是，TG酶在食品工业中属于酶制剂，是"加工助剂"的一种。在添加了TG酶之后，肉类还需要进行高温处理，让TG酶失去活性才能进行销售。

## / 重组肉的食品安全风险

重组肉中的添加剂并不会造成健康风险，但这不代表重组肉和原切肉同样安全。因为，重组肉可能有更高的食品安全风险。

为什么呢？这要从肉类被细菌侵染的过程说起。我们就以牛排为例来说吧。

一般来说，只要牛没有染病，一块牛肉在刚被屠宰完的时候可以被看成是无菌的。在运输的过程中，牛肉与空气接触，空气中的细菌会在牛肉表面扎根下来，并且开始繁殖。

我们只要能在运输过程中控制温度，就能保证细菌不会过度繁殖。在烹饪牛排的时候，表面那层细菌很容易就会被高温消灭。

一般大家吃牛排都不会吃全熟的，但聪明的你一定发现了：细菌一般没机会进入到牛排内部！这样，即使牛排不熟，我们吃了也不会有太大风险。

重组肉则不同。重组过程中，细菌当然可能出现在"牛排"内部。

此后，细菌就完全可以在重组牛排内部大量繁殖。如果这时候我们再吃比较生的牛排，就会有不小的食品安全隐患。

所以，FDA 对于重组肉类的安全建议是"在食用前需烹饪至全熟"，只有这样才能使食品安全风险最小化。不知你有没有注意到，不管是在哪里，都比较少看见半生的汉堡肉、鸡块等食物。这就是其中的原因所在。

那么在无法烹饪至全熟的情况下，厂商如何降低"重组肉"的食品安全风险呢？

这主要有两个思路：一是在重组过程中添加一些防腐剂来避免细菌大量繁殖，二是在生产和运输过程中采用更严格的温度控制手段。

## 如何辨别"重组肉"

辨别重组肉比较难。因为重组肉目前可以做到在质地上基本与原切肉一致了。如果目前的很多牛排馆确实使用了"重组肉"来制作牛排，那么这些牛排的确会带来更大的食品安全风险。需要注意的是，风险来自"微生物引起的食物中毒"，而不是"重组牛排中添加的添加剂"。

不过，"重组肉"目前是完全合法的，只要加工过程得当，也是可以信赖的食品。但目前的问题在于，我们基本无法辨别一块肉到底是"重组"的还是"原切"的。

如果监管部门可以对"重组肉"进行专门标示，那就可以很好地保证消费者的知情权，这样消费者就可以根据自己的意愿自行选择了。

## 总结

① "重组肉"的技术早已出现，肉类加工中经常会使用。它可以提高畜肉利用率，降低生产成本，保证产品一致性。

② 使肉类粘在一起的"胶水"（添加剂）有很多种，它们的共同作用是让两块肉的蛋白质之间发生反应。这些添加剂是安全的。

③ 重组肉比起原切肉可能会有更高的食品安全风险（微生物污染），最好吃全熟的。

# 过了保质期的食品就不能吃了吗？

丹麦哥本哈根有一家名为"Wefood"的食品超市。和别的食品超市不同，这家超市吸引眼球的方式可谓"毁三观"——"亲，我们卖的都是过期食品哦！"

是的，作为全球第一家过期食品超市，这家超市自从开业以来生意就非常红火，每天开门前便已排起了长队，毕竟里面的食品比起别的超市，至少便宜三成以上！

为什么他们敢卖过期的食品？难道不怕发生食品安全问题吗？换句话说，食品过保质期了，究竟能不能吃？

要回答这个问题，首先要从"保质期"的定义开始说起。

## 什么是保质期？

我们平时在超市买东西，通常会看一眼保质期，如果离保质期太近，我们可能就不会去买了。所谓保质期，从字面意义来说，就是在产品标签指明的储存条件下，产品的质量可以得到保证的期限。也就是说，在这个期限之后，食品的质量就无法得到保证了。

在中国，产品一旦过期，就必须从货架中取出并集中销毁。国家的《食品安全法》第二十八条明令禁止生产和销售过期食品。

在中国，保质期只有一种。但是，你知道吗，在很多别的国家，保质期是不止一种的。一种比较常见的分法是把保质期分为"赏味期限"和"消费期限"两种。

**赏味期限**

赏味期限一般对应那些保质期比较长的食品，比如饼干、奶粉、罐头、速冻食品等。这些食品由于变质的速度很慢，通常能够在常温或冷冻状态保存很久。欧美国家常常把这样的食品称作是"Shelf Stable（可稳定储存）"的。这些食品即使超过赏味期限了，通常也是可以继续食用的，只不过，食品的气味、口感可能比起新鲜的会略有下降，不再那么好吃了，但也不至于发生食品安全问题。

**消费期限**

消费期限一般对应那些保质期比较短的食品，如生鲜食品、牛奶、鸡蛋、肉制品等。这些食品通常只能保存很短时间（通常在1个月之内），微生物会在保存的过程中大量繁殖，造成食物腐败。这些产品只要是超过保质期，就不建议继续食用了，否则很可能会导致食物中毒。

当然，对于那些可稳定储存的食品，很多也是有消费期限的，超过这个期限食品就"彻底不能吃"了。只是通常这个期限会远远长于赏味期限。有些产品也会把这两个期限放在一起，标示在食品包装上。这样，消费者就能更清楚地知道什么时候"变得不好吃"，什么时候"变得彻底不能吃"了。

这里要说一个特殊的例子：保健食品。这种食品有的会添加一些维生素或者抗氧化物质等来达到膳食营养补充的作用，但随着时间的推移，一些水溶性维生素，比如维生素 $B_1$、维生素 C 等，还有一些抗氧化物质就会流失掉。这时这种食品虽然还"能吃"，但是可能已经没有保健作用了。这种情况下，保质期通常也是用"消费期限"这个词语，毕竟"保健"是消费者购买它们的目的！

## 保存条件往往更重要

说到保质期，就不得不说保存条件。这两者是不可分割的整体，但很多人往往忽略了后者。实际上，只有按照标定的保存条件来保存，食品才能达到标定的保质期。如果不按标定的条件保存，保质期可能会大幅度缩短。这时，就算食品还在标定的保质期之内，可能也已经变质了。

温度是比较常见的一个保存条件。冷藏或冷冻的食品是切不可常温保存的。举个例子，某牛奶标示可以"冷藏保存一周"，但如果你把它放在常温环境下，可能只需要 3 天就已经变质不能喝了。这是因为，在不同的温度下，微生物繁殖的速度是有很大区别的。常温下微生物繁殖速度远高于低温环境下。

另外，在买冰棒的时候，如果发现冰棒已经变形，那最好不要买。为什么呢？虽然冷冻食品通常具有相当长的保质期，但如果冰棒变形了，说明它在商家保存或者运输的过程中曾经解冻过。而解冻的时间就会成为微生物繁殖的一个"窗口期"。所以，如果购买这种产品，发生食物中毒的风险会高很多。

除了温度，还有很多别的保存条件是需要的，比如说一些"干货"，如奶粉、咖啡粉以及大米、面粉等，虽然都是"可稳定储存"的食品，但通常需要置于干燥通风处保存。这是为了防止其吸收空气中的水分进而受潮发霉。

还有需要说明的是，一些密封食品，如超高温瞬时灭菌牛奶、果汁、罐头制品、真空包装食品等，保质期可以很长，但一般都会写上"开封后请尽快食用"这样的提示。这是因为这些产品的内部很多处于严格无菌的环境，这造成了它们保存时间很长，但一旦开封，无菌环境被破坏，微生物就会混入其中，开始大量繁殖。所以，不管之前保存了多久，这些食品开封后一般就只能保存数天了。

## 食品放坏的过程中，到底发生了什么

很多人都会有这样的疑惑：为什么某种食品保质期前一天还能吃，保质期后一天就不能吃了？保质期到期的那一天，食物到底发生了什么变化？

其实看了之前的介绍，大家应该已经清楚了，说"保质期前一定能吃"或"保质期后一定不能吃"都是不妥当的，因为这跟产品的类型和保存条件息息相关。保质期是食品厂家人为规定出来的，不是自然形成的，而食品放坏的过程是一个连续变化的自然过程。

那么，在食品放坏的过程中，到底发生了什么呢？

我们通常会把食物变质的过程分为三类，即物理、化学和生物过程。

### 物理过程

物理过程包含食物干燥、受潮、结块等。奶粉放时间长了会吸收空气中的水分而结块，薯片放时间长了会变软，这些都是物理过程。这些过程中一般不会出现对人体有害的物质，但食物的品质会下降。有些食品受潮后，也会给微生物繁殖带来有利的环境。

### 化学过程

化学过程包含脂肪的酸败、食物本身的酶催化水解等。这些过程通常会让食物产生变质的气味和味道，有时候也会产生一些有害的物质。比如，食用油在酸败过程中可能产生过氧化物等，使用酸败的油烹饪食物可能会产生环氧丙醛等，这些物质会危害人体健康。

### 生物过程

生物过程主要包含微生物的繁殖以及它们分泌的毒素，这是造成食物变质的最主要原因，也是大部分食物中毒的罪魁祸首。有很多食物都是微生物的理想生活环境，比如前面提到的标注"消费期限"的那些食物。因此这些食物的保质期非常短。而水分含量少、高糖、高盐的食物，由于不利于微生物生存，保质期就可以相对长很多。

物理、化学、生物这三类过程，通常自从食物被生产出来开始，就一直在不间断地持续进行着。所以，所谓保质期的规定，只是特定保存条件下设立的一个"时间点"，商家认为，在这个时间点之前，这些过程导致的食物品质变化在可以接受的范围；而在这个时间点之后，食物品质变化就不再可以接受了。在"过保质期"的那一天，并没有特殊的变化发生。

## 总结

过了保质期，食物到底还能不能吃？对于这个问题，保质期是一个参考。在标定的保存条件下，相信这个参考可以最大限度地保证食品质量和安全。但是，这并不是说超过保质期的食品就一定不能吃了。说回到那家"Wefood"超市，现在，大家应该理解了，他们卖的过期食品，其实都是"可稳定储存"的食品，即使超过了"赏味期限"，一般还是可以继续食用一段时间的，不会发生食品安全问题。在欧盟严格的食品安全管控下，通过这样的方式处理过期食品，既避免了浪费，又惠及了大家，何乐而不为呢？

# 国产奶与进口奶究竟谁更好？

过去几十年，我们见证了"中国品牌"的崛起，衣服出口了、鞋子出口了、手机出口了，就连老干妈和辣条都出口了……

但牛奶呢？

牛奶别说出口了，好像就在本国销量都很容易被进口奶超越。

真是这样吗？中国奶难道就是比进口奶差吗？我们别慌下结论。这一小节里，我们先来心平气和地看看，国产奶和进口奶在原料奶方面有多大的不同。

## / 牛

牛奶好不好喝，很大程度上牛是最关键的因素。

先说说牛本身，更准确一点说，是牛的基因。目前世界最广泛养殖的奶牛品种就是产自荷兰的荷斯坦奶牛。它的模样相信大家都不陌生，身上那种标志性的黑白花纹也成为了"奶牛"的标志。

当然，还有其他的奶牛品种，比如泽西岛的娟珊牛、瑞士的瑞士褐牛等。不同奶牛产出的牛奶口感都有一些不同，但是目前荷斯坦奶牛是最常见的产奶品种。

为什么说它最常见？原因很简单：高产！这种奶牛的年平均产奶量可以达到7吨。这个数字很可观，试想一下，如果你的面前有一头这样的奶牛，它产多少牛奶你喝多少，那么你平均每天需要喝83.38杯牛奶才能把它产的奶全部喝完！

中国最广泛使用的奶牛也是荷斯坦奶牛。之前，很多牧场中奶牛的基因并不纯正，或许可能导致牛奶的产量和品质没有纯种荷斯坦奶牛来得高。

如今，越来越多的养殖场已经直接进口纯种高产荷斯坦奶牛了，因牛种不纯导致的问题已经慢慢得到了改善。

## 草

牛奶的品质好不好，"草"的质量也是决定因素。

跟很多人想象的不同，奶牛通常是不需要在草原上放牧的。当然，想要放牧也可以，但牛消耗的能量多了，牛奶产量反而会下降。

当然，有一些厂家会放养奶牛，然后特地生产"放牧牛奶"，这种牛奶的 ω-3 脂肪酸可能稍高一些，但总体营养价值和圈养的奶牛产下的牛奶区别不会很大。

那么，圈养的奶牛吃什么呢？

这个问题说起来就比较复杂了。奶牛在不同阶段吃的饲料配比都不一样。而且饲料本身也分很多种，包括粗饲料、精饲料、蛋白质类饲料、维生素类饲料、糟糠类饲料等。而粗饲料又分为干草类饲料、青绿饲料（也就是青草）、青贮饲料（发酵过的青绿饲料）等。在奶牛的不同生理阶段，需要为它配置不同比例的混合饲料。这种混合饲料被称为全混合日粮。如何准确配置这种饲料，需要很强的专业知识背景才行。

青贮饲料是应用最多的饲料。有人做过统计，一头奶牛每年需要青贮饲料 6000 千克左右。青贮饲料的品质很大程度上决定了原料奶的品质。不过，制作青贮饲料并不容易，发酵温度、湿度需要控制得当。之前国内很多青贮饲料的品质与国外有差距。奶牛吃得不够好，产的奶当然也不会好。

现在，国内奶牛饲料已经有了很大改观。随着"粮改饲"的推进，全株玉米青贮饲料发展迅速。这种饲料可消化率高达 70% ~ 80%，正在逐步取代传统的秸秆青贮和茎叶青贮饲料。

2016 年，我国已经有 70% 以上的规模化养殖场配备了全混合日粮搅拌车，经过精确配置的全混合日粮让奶牛都吃上了丰盛的"营养套餐"。

## 挤奶

一想到"挤奶"，大家总是会想到"挤奶工人"在奶牛身旁辛苦劳动的场景。但是，这种场景已经快变成历史了，因为现在"挤奶工人"正在被机器人取代。

用手工挤奶方式，每人每小时最多只能挤 6 ~ 8 头牛；而如果使用转盘式挤奶机，每小时挤 100 头牛都不成问题。机器人挤奶不仅节省时间，提高效率，而且更重要的是——它比手工挤奶更加卫生。

手工挤奶过程如果不干净，很可能导致奶牛得乳房炎，产下劣质牛奶。而且如果挤奶环境不干净，牛奶中的微生物很可能会超标。如果交给机器来做，只要操作得当，这些问题就比较容易避免。

之前在中国，由于机械化水平较低，大部分奶牛场采用手工挤奶。但是最近几年，各个养殖场都相继采用了机械化挤奶的技术。2015 年，中国的规模化养殖场已经 100% 实现了机械化挤奶。

传统意义下的挤奶工人在大型养殖场中早已不复存在。

## 饲养环境管理和疫病防治

奶牛要住在舒适的环境中，才能产下高质量的牛奶。对于保持优质环境，世界各国都有一套相对成熟的计划，称为 GAP（Good Agricultural Practices，中文名为"良好农业规范"）。中国当然也不例外。中国对于奶牛饲养的标准是《GB/T 20014.8-2008》，里面详细规定了牛舍、挤奶厅、储奶厅、奶罐车等需要达到的卫生要求，以及常见疫病如何防治等内容。

之前，小规模农户饲养占了我国奶牛饲养总量的 80%，多数农户饲养的奶牛数在 20 头以下。让缺乏专业知识的小农户严格遵守 GAP 计划，的确相当难。

目前情况好转了很多，因为最近几年奶牛养殖的"规模化"程度越来越高，很多技术落后的小企业已经被淘汰出局了。2005 年，大规模养殖场已经占据了奶牛饲养量的一半，根据"十三五"规划目标，到 2020 年，这个数字将达到 70%。严格实行 GAP 规范对于这些大规模养殖场来说，当然不成问题。

## 从牧场到工厂

牛奶被挤出之后，需要保存在储奶罐中，然后经奶罐车运送到工厂，进行后续的杀菌工序。但牛奶这种东西其实是微生物最好的培养基。微生物在刚挤出的生牛奶中会大量繁殖，换句话说，牛奶的变质从挤出的那一刻就在持续进行着。

所以，新鲜牛奶从牧场到工厂，时间越短越好。

有一些国家会对牛奶从牧场到工厂停留的时间做限制，比如规定在储奶罐中停留不超过48个小时，在奶罐车中停留不超过2小时。除了时间限制，还有温度限制。美国规定牛奶自从被挤出之后就需要快速冷却到7℃，之后一直到工厂都需要保持这个温度。也就是说，牛奶运输需要采用全程冷链运输。

储奶罐的温度控制对于大型养殖场来说早已不是问题。不仅如此，目前一些乳品企业已经可以实现时间限制的要求了。国内乳企中，大型企业也要求将牛奶冷却到4℃，在奶罐内停留的时间不超过24小时。相信未来，因为各大乳品企业肯定会按照标准进一步严格要求自己，做出更好的奶。

## 比起进口奶，国产奶的优势何在？

其实，目前国产牛奶在很多方面已经达到或者超越了进口牛奶的水平。

我们直接拿原料奶的检测指标说话吧。举个例子，从"乳脂率"来看，国产原料奶的平均值达到了 3.69%，已经超过了美国 3.25% 的标准；"菌落总数"虽然平均看没有达到美国标准，但如果单看规模牧场（16 万 CFU/mL），也已经小于美国标准（30 万 CFU/mL）了；而"体细胞数"这一项，中国奶（33.3 万个 /mL）成功超越了美国（≤ 75 万个）、欧盟（≤ 40 万个）和加拿大（≤ 50 万个）的标准。

2015 年，农业部对中国各个城市的奶产品进行了检测，共检测了 200 批次样品，其中包括 150 批次的国产奶，50 批次的进口奶。结果显示，对于黄曲霉素 M1、兽药残留和重金属铅的含量，进口奶和国产奶之间也已经没有显著差异了。

**总结**

国产原料奶，特别是出自大规模牧场的国产原料奶，已经具备了正面 PK 进口原料奶的条件。国内几大知名乳企收奶的标准也越来越向欧美看齐。对于这些常见品牌的牛奶，其实我们目前都是可以放心去喝的。它们做得其实不比外国差！

# "人造假鸡蛋"背后的水很深

有很多人都怕去菜场买到"人造假鸡蛋"。那么，"假鸡蛋"如何分辨呢？关于"假鸡蛋"的传闻，真相到底如何呢？这一节，我们就一起来揭开"假鸡蛋"背后的秘密。

## 真鸡蛋没那么简单

实际上，以人类目前的技术水平，根本没有达到"制作假鸡蛋"的层次呢！

为什么这么说呢？

如果你对鸡蛋的认识还停留在蛋黄加蛋白加蛋壳的层次，那么实际上真鸡蛋的复杂度可能会超过你的想象。

下一页有一个鸡蛋的结构图，从中可以看到，鸡蛋光是外壳就分成了3层，分别是卵壳、外壳膜和内壳膜；蛋白也可以分成靠近中心的浓蛋白和外围的稀蛋白；卵黄也需要卵黄系带的帮助才可以固定在鸡蛋中心不乱跑。

想把这些细节都模拟出来，还要成本在真鸡蛋之下，这几乎是

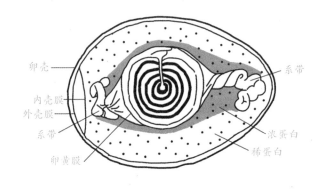

卵壳

内壳膜
外壳膜
系带

卵黄膜

系带

浓蛋白
稀蛋白

鸡蛋剖面图

目前的技术不可能达到的。

　　除了结构之外，蛋白中的蛋白质，蛋黄中的卵磷脂和固醇，这些都是很难用人工添加剂代替，来实现类似效果的。

　　简单来说，如果真的有人制作出来了足以"以假乱真"的假鸡蛋，这绝对是一件可以载入史册的伟大事情。只是用它来骗骗老百姓的钱，是不是太憋屈了一点？

## "假鸡蛋"的骗局

　　大约在 2010 年，"教做假鸡蛋"的广告就开始出现了。当时的说法是，这种技术做出来的鸡蛋和真鸡蛋相差无几，成本却只要 5 ～ 8 分钱。只要支付数百元的学费，他们就会把秘方传授给你。

　　很多急于致富的人听到这话，可能会乖乖交钱。对方说得有模有样，听起来非常科学。我们来看看百度百科上是如何定义假鸡蛋这一名词的：

> 人造鸡蛋蛋壳由碳酸钙、石蜡及石膏粉造成。而蛋清、蛋白则主要由海藻酸钠，再加上明矾、明胶、色素等造成。
>
> 蛋清是将海藻酸钠加水制成溶液后，不断搅拌而制成的。而蛋黄的主要成分同样是海藻酸钠液，再加入如柠檬黄一类的色素后，放进模具中，然后放入氯化钙溶液中凝固而成。
>
> 蛋壳则是由碳酸钙加上其他原料加入模具中成型的。

熟悉增稠剂的读者应该可以看出来，这个配方哪里是人造鸡蛋，完全是在做果冻啊。

如果你真的按照这样的配方来制作，一定会发现，最终你只是得到了一堆果冻状的凝胶，没有半点真鸡蛋的影子。

## 很多人买到的假鸡蛋，到底是什么？

偶尔，我们可能会遇到蛋黄弹性特别大，质地比较像橡胶的"橡皮蛋"。其实这不是假鸡蛋，而是鸡的饲料有问题。

鸡的饲料中有一种原料叫棉籽饼粕，是棉花籽榨油之后剩下来的东西。但它本身对禽类有毒，必须经过脱毒处理才可以使用，而且也不能在饲料中使用过多。

如果饲料中棉籽饼粕过多，或者没有经过脱毒处理，就会导致禽类中毒，其中毒症状之一就是——会下这种特别硬的"橡皮蛋"。

但是，如果将这种鸡蛋送检，你会发现，它里面含有的各种营养物质都跟普通鸡蛋没有区别——也就是说，各种营养物质检测指标并没有异常。

此外，如果鸡蛋放置时间过长，也可能会出现蛋黄硬化的情况。

如果你不幸遇到了这种"橡皮蛋"，我们的建议是：最好不要吃了，扔掉。可以向有关部门投诉，因为这很可能反映了鸡饲料的品质不过关。

所以说，这样奇奇怪怪的蛋确实不是一只"好蛋"，但它的确是"真鸡蛋"。

除了"橡皮蛋"，有时大家也可能遇到散黄、蛋黄偏心等情况，遇到这样的"坏蛋"就尽量不要吃了。

## 鸡蛋代替物：它还真不是"假鸡蛋"

2013 年，美国一家叫 Hampton Creek Foods 的公司成功研制出一种"人造鸡蛋"，并给它取了一个非常形象的名字"超越蛋"。

之所以起这么霸气的名字，主要是因为这款产品使用的所有原料，都是来源自植物！商家宣称，由于没有了胆固醇，使用超越蛋代替鸡蛋，对人体健康更有利。

同样属于鸡蛋代替物的还有 2011 就已面世的蛋黄替代物"The Vegg"。和超越蛋不同，它是用酵母提取物和海藻酸钠来代替蛋黄的质地和口感的。

如果你就此认为，人造鸡蛋的技术门槛已被人类攻破，那就是想太多了。因为这些代替物都是粉末状的。

这些代替物也只是在烘焙和做蛋黄酱( 或其他鸡蛋制品 )的时候，可以代替鸡蛋实现乳化的功能，提供跟真正鸡蛋类似的口感。

现在看来，想用这些东西做个茶叶蛋或者做个番茄炒蛋，还是不太可能的。

## 总结

**1** "人造假鸡蛋"不存在，任何声称能教你做"假鸡蛋"的话都是忽悠。

**2** 如果买到了质地异常的蛋，很可能是产蛋的鸡所吃的饲料出了问题，不要吃。

**3** "鸡蛋替代物"可以模仿鸡蛋的质地和口感，并提供乳化功能，但它跟"假鸡蛋"是两码事。

# 反式脂肪好可怕？
# 其实，不是所有奶精都是坏妖精

　　提到奶精，大家首先想到的可能是路边摊售卖的劣质奶茶，也可能是甜品店里的廉价甜品。对于这个"磨人的小妖精"，大家都觉得，这是商家为降低成本不择手段，用有害的添加剂代替牛奶的手段。很多人都认为，这种东西吃多了对身体不好，唯恐避之不及。可是很多人不知道，这小妖精其实也有很多种，也有"好"与"坏"之分呢。这一节，让我们一起走进奶精，看看它的前世今生吧。

## ／奶精到底是什么？

　　奶精生产出来的最初目的就是代替牛奶（或奶油）添加到咖啡中。人们很早就会往咖啡里加牛奶了，但一直以来有一个问题，那就是牛奶倒入咖啡中时，在比较偶然的情况下，有可能会出现结块的问题。在氢化植物油刚刚出现的时候，人们发现，用氢化的大豆油来代替牛奶，可以完美解决这一问题，不仅得到的口感相似，而且可以让整个咖啡的体系更加稳定。于是，1950 年，Presto 公司正式推出了全球第一款奶精产品，从此奶精渐渐被全球广泛接受。

奶精分为固体的和液体的两类。固体的奶精通常也被称为"植脂末"，装在比较大的罐中出售；而液体的奶精通常会被装在一份一份的小盒中，它有时会被称作"奶油球""植脂奶""咖啡伴侣"等。不管是固体的还是液体的奶精，其实都和牛奶没有太大的关系，它们的脂肪都来源于植物脂肪。通常，我们不把它们看作是乳制品。

如今，奶精被广泛应用到各种休闲食品以及饮料中，类似"植脂末"这样的成分在配料表中还是挺常见的。但是你知道吗？奶精其实并不是一种单独的添加剂，而是很多种添加剂组成的混合物。

## 奶精的成分

为了使咖啡达到香浓稠滑的口感，奶精光有脂肪可不够，它的配料通常包括玉米糖浆粉、酪蛋白酸钠、脂肪、磷酸氢二钾、单酸甘油酯和双酸甘油酯、硅铝酸钠。

玉米糖浆粉（或麦芽糊精）是通过水解玉米中的淀粉得到的，起到增加食品黏稠度的作用，能为奶精带来"浓稠"的口感。

酪蛋白酸钠是通过提取牛奶中的酪蛋白，并进一步加工而成的，起到乳化剂和起泡剂的作用。酪蛋白酸钠能使奶精在加入咖啡后打出漂亮的奶泡，而且还能提供一些类似牛奶的口感和味道。但这也造成了一个缺陷：如果一个人对牛奶中的酪蛋白过敏，就有可能对奶精也过敏。这些人在食用奶精的时候要特别注意，必须选择不含任何牛奶成分的才行。所以，奶精和牛奶还是有那么一点关系的。

奶精中的脂肪是植物脂肪经过氢化工艺得到的。作为奶精最主要的成分，它通常占干重量的 20% ~ 50%。

磷酸氢二钾起到缓冲剂的作用，保护酪蛋白不被破坏。

单酸甘油酯和双酸甘油酯起乳化剂的作用，使脂肪形成微粒分散在水中，而不是漂浮在水面上。

硅铝酸钠（或二氧化硅）通常在粉状的奶精中应用，防止奶精结块。

有人会问，添加了那么多添加剂，难道没有对人体有害的成分吗？这些东西吃多了对身体不好吧？

其实，其他的添加剂都不会对健康造成影响，对健康造成影响的重点就在奶精的脂肪上面。

## / 奶精的脂肪

大部分奶精使用的脂肪是氢化植物油。提起氢化植物油，大家一定会想到反式脂肪——对，就是那个增加心血管疾病风险，已经在 2015 年被美国政府明令禁止的物质。但是，是不是所有的奶精都含有大量反式脂肪？其实还真不是。因为目前奶精的种类实在太多了，具体问题要具体分析。

比如，使用 44% 大豆油的奶精，其脂肪来自部分氢化的大豆油，每 100 克奶精中反式脂肪含量达到了 24.61 克，也就是说，差不多一半多的脂肪都是反式的。这个含量的反式脂肪，大量食用对人体健康的影响是显而易见的。这种奶精，当然不建议大家大量食用。

但是，也有的奶精采用了 44% 椰子油来作为脂肪来源。椰子油本来饱和度就很高，绝大多数（超过 90%）脂肪呈饱和状态，即使是氢化过的椰子油，反式脂肪含量也很少。这种奶精的反式脂肪酸含量只占到 0.43%。而 35% 椰子油的版本中，反式脂肪含量则只有 0.3%。这已经是一个非常少的比例了。当然，这种奶精的成本比起用大豆油的要高很多。

除了椰子油，目前还有很多种采用了别的油脂的奶精，如采用菜籽油的奶精，其主要成分是不饱和脂肪，它的饱和脂肪和反式脂肪含量都很少，其中反式脂肪只占 1%。比起椰子油所含的大量饱和脂肪，菜籽油版本的奶精可能要更健康一些。

甚至还出现了低脂肪、低糖版本的奶精，总脂肪含量只有 7% 左右。这种奶精虽然健康，但口味肯定比起前面几种要差一些。

有人可能会说，和酒精一样，反式脂肪没有安全剂量，只要有一点存在，对身体都有害。这种说法并没有错。可是大家不要忽略一个事实，那就是反式脂肪是很难真正避免的，它在天然食物中也广泛存在。比如，牛奶中的脂肪，有 1% ~ 5% 就是以反式脂肪的形式存在的。所以说，用以椰子油为来源的奶精冲泡的咖啡，其反式脂肪含量已经比用牛奶冲泡的还低了。

既然完全杜绝不现实，那有没有一个相对靠谱的健康标准呢？这是有的。中国卫生部在 2011 年发布的国家标准《GB 28050-2011》中提到：（中国人）每天摄入反式脂肪酸不应超过 2.2 克，反式脂肪酸摄入量应少于每日总能量的 1%。因此我们可以认为，在这个范围内，反式脂肪对人体的危害可以忽略不计。

## 如何辨别哪些奶精是可以放心用的？

那么，如何辨别某个产品中的奶精是"好奶精"还是"坏奶精"呢？

目前还没有特别"明确"的方法来判断商家使用的奶精到底是哪一种。但是，有一个办法是比较有用的，那就是直接看营养成分表，确定反式脂肪的含量。

美国规定，如果每份食物中反式脂肪含量在 0.5 克以下，就不用标示反式脂肪含量，而中国的标准是每 100 克食物中其含量小于 0.3 克时，不必标示反式脂肪含量。只要反式脂肪大于这个限值，不管是中国还是美国，都是要求强制标示的。

也就是说，如果某种产品配料表中出现"植脂末""奶精"，而且反式脂肪含量标示不为"0"，那么它几乎 100% 使用了氢化大豆油等为主要成分的"坏奶精"。为了保证健康，这种食品最好不要大量食用。

如果出现"植脂末""奶精"而且反式脂肪含量为"0"，这虽然并不代表产品里面一点反式脂肪都没有，但至少说明，商家使用的很有可能是椰子油或是其他脂肪为主要成分的奶精。对于这样的食物大家就不必太过担心了。但是提个醒：注意一下营养成分表中"饱和脂肪"的含量。饱和脂肪虽然危害没有反式脂肪那么大，但长期大量食用也会对健康有不利影响。

## 总结

　　这一小节的内容主要是想告诉大家，奶精作为一个磨人的小妖精，并不像人们想象的那样“作恶多端”，它是个大家族，不仅成分复杂，而且也有“善良”和“邪恶”之分。它给我们带来了美味的食品，但家族里面的一些成员也给我们带来了健康的隐患。好在家族里也有一些成员一直致力于消除这些危害。同时，食品科学家也在不断努力，研发一些更新型、更健康的奶精。

　　所以，把奶精大家族本身等同于反式脂肪，再一棒子打死，这是不科学的。保持健康饮食，抵制高反式脂肪的奶精，并积极推广低反式脂肪的奶精，才是科学的态度。

# 这种药可以减肥，可以增肌，
# 然而你们却恨之入骨

这一节我们要说的东西，很多人一定耳熟能详。

它是一种神秘的禁药，功能包括促进脂肪分解、促进骨骼肌形成、止咳平喘等。它甚至曾经还被用作运动员的兴奋剂，只是现在不太常用了。它的名字就是瘦肉精。

## 从健身房到运动场，再到养猪场

可能很多人不知道，瘦肉精其实并不是一种药物，而是很多种药物的统称。这些药物是属于一个大类的，叫做"β2肾上腺素受体激动药"。

顾名思义，这类药是作用于身体里的"β2肾上腺素受体"的，它们能让人的心率加快，体温上升，导致身体里的糖原分解速度大大加快。糖原是哺乳动物身体里细胞的储能物质，但只可以供应短期能量所需。糖原都分解完了怎么办呢？只好去分解"备用储能物质"，也就是脂肪啦！所以长期服用这种药，你会发现自己的体脂含量大幅下降。

　　瘦肉精可不止这些好处，它们还有降低蛋白质代谢和促进骨骼肌生长的作用。也就是说，服用这种药，你会发现自己不仅肥肉变少了，瘦肉还变多了！

　　这是很多人梦寐以求的减肥药啊！"减脂增肌"是大家的梦想。别说，这类药刚刚问世时，除了止咳平喘，还真有用于辅助减肥的目的，只是后来人们发现其副作用太大，而且容易引起中毒，最后渐渐弃用了。

　　做"减肥药"不成，瘦肉精开始在运动场上另谋出路。人们发现，在体育比赛中，有些需要长时间保持耐力的比赛，比如自行车骑行比赛等，吃了瘦肉精的运动员往往可以获得较好的成绩。因为瘦肉精可以提供运动员"在保持不正常体重的同时又不损失功率输出的能力"。从此，此行径一发不可收拾。直到有一天，瘦肉精被明确定为"禁药"，这才退出了历史舞台。

　　瘦肉精可以帮猪肉增产这个事实是 20 世纪 80 年代被发现的。事情很简单，人们发现，猪吃了瘦肉精，也会产生跟人同样的效果，于是开始在饲料里添加这类物质。这样，猪吃了含瘦肉精的饲料之后，只长瘦肉，不长肥膘。于是瘦肉精成了增加瘦肉率的秘器。而且，添加了瘦肉精的饲料猪吃得也少了，这也大大降低了饲养成本。不久，养牛场和养鸡场的场主发现瘦肉精不仅对猪肉管用，也可以让牛肉、鸡肉增产。于是，各种畜禽产业也都开始大规模使用瘦肉精。

　　最初一代的瘦肉精包括克伦特罗和沙丁胺醇等，它们在被大量应用于养殖业后，很快就出现了问题：食用这些肉类的人群，很多出现了四肢颤抖、恶心头晕、心悸等中毒症状，严重的甚至会因为心跳骤停导致昏迷或死亡。于是，各国相继出台了关于禁止使用瘦肉精的法案。美国在 1991 年就明令禁止这两种药物用于养殖畜牧业。目前，在世界上绝大部分国家，克伦特罗和沙丁胺醇都是被严格禁止的，一旦被查到使用，就是犯罪行为。

## "第二代瘦肉精"是怎么回事？

养殖业当然不会因此而罢休，毕竟提高产率换来的就是丰厚的利润。很快，作为"重大科研成果"的第二代瘦肉精——莱克多巴胺面世。比起第一代瘦肉精，它的好处显而易见。每一吨饲料中只需加入 20 克的这种药物，就可以增加畜禽 24% 的蛋白质产率，同时降低 34% 的脂肪产率。更令人激动的是，这种药物的毒性更小，而且在体内代谢非常快——只要在牲畜出栏前一段时间停用莱克多巴胺，它就会很快从牲畜体内排出，很难再检测到了。

对于每一种新出现的添加剂，我们当然不能一味肯定，也不能断然否定。FDA 对于此的态度是：用临床实验去验证。他们就对莱克多巴胺做了相关研究，得到的结果有以下几点：

⬤ 莱克多巴胺没有积累毒性，这种东西不会在体内蓄积。

⬤ 它在体内的代谢过程已经被研究得非常清楚了，3 种代谢产物也被阐明。

⬤ 人体试验中，每千克体重的用量不超过 67 微克的情况下，短期和长期都没有观察到不良影响。

于是，FDA 得出的结论是，在限制摄入量的前提下，这种添加剂是可以被接受的。那么，如何规定"最大摄入量"呢？一般的惯例就是用"人体可承受的最大剂量"，也就是 67 微克，除以一个"安全系数"，最后就得到了规定最大摄入量。这个安全系数通常会定的非常大，比如说 50 左右。除以一个系数的目的是为了求"稳"，保证这种添加剂的绝对安全。

还是拿莱克多巴胺作例子，它的"最大可承受剂量"是 67 微克 / 千克体重，再除以 50，就是 1.34 微克 / 千克体重。这个数字相比于 67 微克来说已经非常微小了，足以保证对所有人群都不会造成伤害，所以被规定为"最大摄入量"。50 这个数值是监管领域的行业惯例，安全系数一般在 30 ～ 50，有时候也会更高。

这个大致的公式可以应用在所有的添加剂领域。当然，这个公式是个简化的版本，具体算法还要涉及很多其他步骤，最后才能得出一个经得起推敲的数字。

在这个例子中，FDA 就认为每天可接受的莱克多巴胺"最大摄入量"是每千克体重 1.25 微克。根据这一点，他们推算出，牛肉和猪肉中允许的莱克多巴胺最大残留量分别是 30 ppb 和 50 ppb（表示液体浓度的一种单位符号，1 ppb 代表十亿分之一）。在这个标准下，一个体重 50 千克的人每天吃上 1 250 克猪肉或者 2 000 克牛肉都可以保证安全。

## 为什么中国要严格禁止？

目前，各国和各个组织对莱克多巴胺的态度不一。前面提到，美国是规定最大残留量，加拿大也相似，不过稍微严一些，猪肉中最大残留量被规定为 40 ppb。而联合国粮农组织和世界卫生组织则更严格，规定为 10 ppb。日本和新西兰在本国禁用莱克多巴胺，但对于进口猪肉规定最大残留量为 10 ppb。欧盟及俄罗斯、中国等国家则是对所有瘦肉精，包括莱克多巴胺，都实施"一刀切"的严格禁止态度，规定在畜类养殖过程中一旦使用，就是犯罪行为。

中国之所以规定这么严格，其实也是非常有道理的，首先是因为莱克多巴胺的代谢在肝、肾中完成，所以在这些内脏中，它的含量比较丰富。比起不吃内脏的美国人，大部分中国人更喜欢吃内脏，所以这方面小心点为好。还有就是，如果只是规定了安全使用量，那监管起来可能会困难很多，毕竟，不能假设所有人都是守规矩的。既然这样，把违法成本提高一些，让大家不敢去做，就是一种非常明智的选择了。

但是，这种严格的监管也存在着反对的声音。有些人就认为，既然使用莱克多巴胺和使用"第一代瘦肉精"都是同样的违法犯罪，有些不法分子就会宁愿去使用价格更低而危害更大的"第一代瘦肉精"。对于大众消费者来说，这其实不是好事。这种说法也很有道理，总之，瘦肉精的管理是一个挺见仁见智的事情。

## 那么，美国进口的肉类都是含瘦肉精的吗？

既然美国的猪肉在广泛使用瘦肉精，是不是进口的美国猪肉也都添加了瘦肉精呢？

这方面的疑虑是非常有必要的。中国海关实际上也会对进口肉类实行非常严格的检查。但是，光是海关筛查还远远不够，毕竟在美国，使用瘦肉精是行业的常态。不过不要着急，这个问题早就被考虑过。

2014 年，美国农业部就规定，所有出口到中国的肉类都要加设一道"莱克多巴胺控制计划"，这项计划包括两部分，第一部分规定这些出口畜禽在养殖过程中严格禁止在饲料中添加莱克多巴胺，第二部分规定每批次肉类需要提供莱克多巴胺阴性检测报告。只有两项都合格了，才具备出口到中国的条件。

所以，只要是正规渠道出口到中国的肉类，就没有必要担心"瘦肉精"的问题。只是，目前肉类走私现象也是存在的，走私肉类有没有完成这个计划就不得而知了。这种非正规途径进口的肉类，有没有瘦肉精，也只能凭运气了。

另一个疑虑就是中国本身的瘦肉精监管问题。由于莱克多巴胺代谢比较快，对于牲畜来说，只要出栏前停药，即使之前使用过，也很难检测到。这就给监管增加了很大难度。所以，目前虽然监管非常严格，但我们也只可以说"我国的猪肉有 95% 的抽检合格率"，谁也不敢说"我们吃的这 95% 的猪肉都一定从来没有用过瘦肉精"。

但是，一定要说明的是，美国人已经吃了那么多年的瘦肉精猪肉、瘦肉精牛肉和瘦肉精火鸡，目前确实没有发现什么问题。瘦肉精的毒性和瘦肉精的管控，是两个完全不同的问题。我们在思考的时候，要把这两个问题分开来看待。管控问题牵涉很多社会、经济乃至政治层面的因素，比较复杂。但仅就毒性问题来说，目前的结论就是：在安全摄入量的前提下，不必对莱克多巴胺过分恐慌。合格的猪肉可以放心吃。

## 莱克多巴胺可以当减肥药吃吗？

很多人可能会问，能不能把莱克多巴胺当减肥药吃？答案是当然不能！

首先，莱克多巴胺本身被设计出来的时候就是作为兽药使用的，没有经过任何临床用药实验。这种东西当药吃是相当危险的。

其次，目前的研究只能证明在 FDA 的"安全剂量"下，该药对身体无害。但在这种剂量下，离瘦肉精的"增肌减脂"作用还差得太远！如果真的摄入能达到"增肌减脂"效果的量，那就已经超出安全剂量很多倍了。在这种大剂量下，副作用也将会非常明显。

猪在大剂量吃了瘦肉精之后，即使出现头晕、四肢颤抖、心跳加快等反应，也都是可以接受的，反正只要它的肉没问题就好了。但是，你呢？

## 总结

① 瘦肉精有很多种，类型不同，但作用机制相同。

② "第一代瘦肉精"如沙丁胺醇、克伦特罗对人体危害较大，各国严格禁用，而"第二代瘦肉精"莱克多巴胺危害较小，目前各国规定尚不统一。

③ 美国出口至中国的肉类需要通过"莱克多巴胺控制计划"。

④ 莱克多巴胺由于代谢快，监管比较困难。

⑤ 从毒性上看，不必对莱克多巴胺过分恐慌，不管中国还是美国，只要是合格的肉类，都可以放心吃。

⑥ 无论是哪一代瘦肉精，都不能当减肥药吃，合理饮食加适当锻炼才是正确的减肥之道。

# 用高压锅容易致癌？

有新闻说，无论吃什么肉，人们都感到炖煮得越烂越好。于是，高压锅便应运而生。用它来炖排骨，十几分钟的时间，连骨头都变得软绵绵的。

但是，在 200 ~ 300℃的温度下，肉类食物中的氨基酸、肌酸肝、糖和无害化合物会发生化学反应，形成芳族胺基。这些由食物衍生的芳族胺基含有 12 种化合物，其中 9 种有致癌作用。

难道现如今连高压锅都不可信了？

## 高压锅最高能达到多少度？

一般的高压锅工作压强为 100 kPa（国际压强单位，1 kPa = 1000 Pa）以下。也就是说，高压锅内部的压强最高也只能达到 2 个大气压（200 kPa）。在这种压强下，水的沸腾温度大约是 120℃。

所以想让高压锅把水加热到 200℃也是强锅所难呢！

## 真超过200℃会发生什么？

如果烹饪温度过高，确实会产生致癌物质。而其产生的致癌物质，并不是所谓的"芳族胺基"，而是多环芳烃和杂环芳胺。它们中的很多种类对人体都有明确的致癌作用。

我们现在知道，如果用极高的温度烹饪食物，或是把食物烧焦，就会比较容易产生这两种物质。

能产生这种高温的烹饪方式，目前只有高温油煎、烘烤和烧烤。显然，这些都不关高压锅什么事。

各类烹饪方式的典型烹饪温度

| 烹饪方式 | 传热媒介 | 烹饪温度 |
|---|---|---|
| 炖煮 | 水 | 约100℃ |
| 高压炖煮 | | 约120℃ |
| 蒸 | 水蒸气 | 100～110℃ |
| 煎 | 油 | 100～260℃ |
| 炒 | | 90～120℃ |
| 炸 | | 160～190℃ |
| 烘烤 | 空气 | 150～260℃ |
| 烧烤（明火） | 辐射 | 可高达1000℃ |
| 微波 | | 不超过100℃ |

所以说，想要健康饮食，平时应尽量少吃些高温煎炸和烧烤类

1. 不要超量盛放食物。高压锅的最大容量占整个空间的 2/3，一般不要超过 1/2。

2. 检查锅盖上的排气口是否有堵塞，确定畅通后再关闭盖子。

3. 加限压阀之前，检查疏气孔，确保畅通。

4. 开火之前，确保上下手柄重合，盖子已严密合紧。

5. 不要用高压锅煮绿豆等豆类，也不要用高压锅做米饭和海带汤。

6. 一开始用大火，当有气体冒出后改为小火加热。

7. 高压锅的使用寿命期限是 8 年，超过 8 年的高压锅就不要用了。

的食物。尤其要注意，烧焦、烧煳的食物不能吃。

## 高压锅会造成营养损失吗？

会的。但是，不要忘记高压锅的用途就是为了代替"长时间炖煮"。

长时间炖煮也会造成一定的营养损失，和高压锅相比区别并不大。如果不需要长时间炖煮，那也没有使用高压锅的必要了。

所以，大家不必过于纠结营养的问题。好吃又节省时间，这已经是使用高压锅的必要理由了。

不过，高压锅更值得担心的一个问题，那就是你永远都不知道，它会在什么时候爆炸。所以，使用高压锅的时候，一定要注意安全。

技术要点

## 中毒的剂量

食物之间有相克，隔夜菜致癌，酸性食物多吃不健康……提起这些常见的谣言，大家一定耳熟能详。在生活中，大家都担心自己吃的东西会不会对身体有害，会不会一不小心吃进去有毒或致癌的物质。

很多情况下，我们思考这类问题时，需要熟悉一个科学方法，那就是"我们通常如何衡量物质的毒性"。

广义的毒性可以分为急性毒性、慢性毒性、致癌性、致畸性等几大类。不管是哪种毒性，都与两个变量密切相关：一个是剂量，另一个是时间。

急性毒性一般指短时间内摄入大量有毒物质引起的急性中毒，比如吃发霉的花生米，一次吃下去很多，引起黄曲霉素急性中毒，从而中毒死亡，那就是急性毒性的作用。

慢性毒性指长时间小剂量摄入某种有毒物质引起的慢性中毒，比如发生在日本的痛痛病，发病者全身关节剧痛，最后惨死。其原因是由于环境污染，导致稻米中富集了大量的镉元素。村民们食用了这样的稻米，引起了慢性镉中毒。

致癌性是指某种物质通过某种作用可以导致细胞的癌变，促进正常细胞变成癌细胞，从而导致癌症的发生。有很强急性或慢性毒性的物质不一定致癌，致癌的东西也不一定有很强的急性或慢性毒性。但也有很多种物质，既有很强的毒性，又有致癌性，比如黄曲霉素。

和急性或慢性毒性不同，致癌性带有一定运气的成分，因为它只能增加患癌症的概率，不能保证吃了多少就一定会患癌症，更不能保证不吃就一定不患癌症。所以你总能看到一些人，天天抽烟喝酒（都是一级致癌物），但却很长寿。而另外一些人，坚持健康饮食，天天锻炼最后却反而患癌症。这些都只能归结为运气因素。

对于任何"XX会导致中毒"的流言，我们都要思考一下，引起中毒的物质是什么？"中毒"是指急性还是慢性毒性？这种食物里含有这种物质吗？如果含有，那么我们平常摄入的量能达到中毒的剂量吗？当我们思考到这种程度时，很多像食物相克之类的谣言，就不攻自破了。

对于"XX会致癌"类型的流言，我们需要思考的是，是什么物质有致癌的可能性？世界卫生组织把它定为几级致癌物？如果是1级致癌物或是2A级致癌物，那么摄入多少会增加癌症的发病率？是哪些癌症？增加多少？有没有最高建议摄入剂量？思考到这种程度，一切迷思也会迎刃而解了。

下面是我们日常生活中，关于食品毒性和致癌性的一些小建议：

1. 有些食物本身就具有比较强的毒性，如四季豆、黄花菜、河豚等，采用正确的处理方式可以消除毒性，但处理不正确就会中毒。

2. 有些食物在发生某种变化或变质后会产生毒性，如发芽的土豆、变紫的甘蔗、霉变的花生等，遇到这种情况，应该直接把它们扔掉。

3. 食物相克（两种食物本身都没有毒性，但加在一起会产生毒性）这个现象目前看来是不存在的。

4. 有些食物对人体有明确致癌作用（Ⅰ级致癌物），如烟、酒、黄曲霉素、槟榔等，对这类致癌物，应该尽量少接触。

5. 对于2A级致癌物如红肉，可以限制食用量，但没有必要（也不太可能）完全避免。2B级以下的致癌物，致癌证据有限，不用过度担心。

6. 任何宣称"防癌""抗癌"的保健品和中药都不要理会。目前它们没有一个是靠谱的。

第四章

# 选购的技术

食品工程师如何选购食品

# 形形色色的果汁饮料，你该怎么选？

我们平时逛超市时，经常能发现各种形形色色的"果汁"，可是，它们到底是不是真正的果汁？其实，它们并不都是。

## / 果汁

不管是采用浓缩还原工艺，亦或是直接榨出来的 NFC 果汁，都属于"果汁"的范畴。

真正的"果汁"配料表往往是非常简单的。如果是浓缩还原汁，配料表往往是"水、××水果浓缩汁"；而如果是非浓缩还原果汁，配料表则只会有"鲜榨××水果汁"一项。

一部分果汁会在配料表中加入白砂糖或者柠檬酸来调味，但国标规定，这两种配料不能同时使用，也就是说，果汁的味道要么变甜，要么变酸。

如果额外加入白砂糖，则意味着喝果汁的时候会摄入额外的糖。这一点要多加注意。

## 果汁饮料

很多人搞不清"果汁"和"果汁饮料"。其实，果汁饮料并不是真正的果汁。国家标准对"果汁饮料"的定义是：

> "在果汁（浆）或浓缩果汁（浆）中加入水、食糖和甜味剂、酸味剂等调制而成的饮料。也可以加入一些果粒。"

那么，"果汁饮料"中含有多少果汁呢？

其实，不同的"果汁饮料"中果汁含量会有区别。国标只规定了下限：只有果汁含量为 10% 以上，才可以称作"果汁饮料"。换句话说，果汁饮料中的果汁含量，一般就在 10% 这个数量级上。

在"果汁饮料"的配料表中，占据前两位的一般是"水"和"白砂糖"。除了白砂糖外，果葡糖浆也经常被用作甜味剂。此外，配料表中也会出现一些增稠剂、稳定剂、食用香精、色素等食品添加剂。

果汁饮料一般也会在配料表结尾注明类似"果汁含量 ≥ 10%"的标示，这也是鉴别果汁饮料的好方法。

## 水果饮料

前面提到，"果汁饮料"要求果汁含量在 10% 以上。那么，若是果汁含量小于 10%，应该被归到哪一类呢？

很简单，这样的产品我们会把它叫作"水果饮料"。水果饮料的官方定义和果汁饮料大体相同，唯一的不同就是对果汁含量的下限要求比较低。

只要果汁含量超过 5%，就可以被称作"水果饮料"啦！

举个例子，在产品的外包装上，如果写的是"苹果汁饮料"，那它的果汁含量一定大于 10%，但如果写的是"苹果饮料"，那它的果汁含量只要大于 5% 就可以了。

## 果味饮料

顾名思义，"果味饮料"指的是真正的果汁含量很少或者根本没有，仅仅采用香精来模仿果汁风味的饮料。

果味饮料已经不属于果汁大类了，而是属于"风味饮料"这个类型。它的果汁含量在 5% 以下。

## 果汁型碳酸饮料

这个分类已经进入"碳酸饮料"的范围了。也就是说，"果汁型碳酸饮料"本质上是汽水。

国标规定，"果汁型碳酸饮料"中需要含有 2.5% 以上的果汁量。

## 果味型碳酸饮料

我们熟悉的雪碧、七喜、芬达、美年达等都属于这个分类。果味型碳酸饮料中的果汁含量一般为0%，它的果味全部是由水果味的香精提供的。

这么一说，很多人可能会恍然大悟，原来我们喝的"果汁"，那么多都是"假果汁"啊！

不过，大家大可不必如此惊慌，毕竟这些饮料都是符合国家标准的正规食品。再说了，只要看一下配料表，一切就都很明白了。

那么，"假果汁"究竟会不会有健康危害呢?

从健康的角度，大家还是不要喝太多这种饮料( 包括真果汁在内 )为好，因为它们的糖分含量真的很高。

"假果汁"比起"真果汁"来说，营养价值可能会差一点。"真果汁"中的维生素和抗氧化物质，在"假果汁"里含量会低一些。

此外，有些果汁饮料为了取悦消费者或掩盖酸味，会加入很多糖。大量饮用这种饮料，可能导致肥胖和心血管疾病。

但是，除了这两点之外，"假果汁"并不会对身体造成其他危害。它们中的食品添加剂只要含量符合国家标准，对人体是没有危害的。如果因为添加了"添加剂"就对这类产品敬而远之，实在没有必要。

不管是"真果汁"还是"假果汁"，只要你觉得好喝，当然可以喝。但是，果汁虽可口，也不要多喝！记住，即使是"真果汁"，糖分( 游离糖 )的含量也会超过你的想象，大量饮用对身体弊大于利。

# 各种各样的果汁，区别究竟是什么？

最近，果汁市场上的新产品层出不穷，如原榨果汁、鲜榨果汁、冷压果汁、NFC 果汁等。这些果汁都有什么区别？为什么有的果汁价格那么贵？这一节我们就来了解一下这个问题吧。

## 浓缩还原：传统的果汁加工工艺

在超市里，很多瓶装果汁往往标着"100% 纯果汁"的标签。一般来说，这种果汁其实并不是榨成汁之后直接包装出售的，而是经过了浓缩还原的加工果汁。

如果你注意看它们的配料表，就会发现，它们是"水果浓缩汁"和水勾兑成的。也就是说，水果被榨成汁后，要先把水分蒸发掉一部分，变成浓缩果汁，再加上水还原成"刚刚好 100%"的果汁，接着再杀菌，灌装之后出售。

这样是不是"多此一举"？其实并不是，商家这样做当然是有目的的，其中最重要的目的就是节约运输和储存成本。

大家要知道，"水果产地"往往离"果汁要销往的市场"非常遥远。

在这么远的距离内，如何控制运输成本是商家必须要考虑的。把果汁里的水分蒸发出来一些，大大减小了其体积，运输起来就方便多了！

浓缩果汁还有一个好处，可以保存很久不变质。这是因为经过浓缩后，它的含糖量很高，微生物已经无法存活在如此高渗透压的环境下。所以商家完全可以在水果收获季节先生产很多浓缩果汁贮存着，再根据需要，想生产多少果汁就还原多少，是不是很方便？

正因为以上这两个因素，"浓缩还原果汁"才成为了市场上的主流果汁种类。

这种果汁当然也会有弊端，那就是：味道不对了！这主要是因为在浓缩的过程中，有很多水溶性的香味物质都会随着水分一起被蒸发掉。此外，在杀菌过程中，高温的作用也会使风味发生一定改变。总的来说，浓缩还原果汁可能没鲜榨果汁那么好喝。

这也是为什么我们在超市里买的苹果汁、橙汁跟自己榨的味道不一样的原因所在。

## / NFC 果汁的异军突起

为了弥补这种口味的损失，近些年来 NFC 果汁开始出现，并占据了一定市场份额。NFC 并不神秘，就是"非浓缩还原"（Not From Concentrate）的缩写。有些 NFC 果汁会采用"原榨"这种翻译方法，其实是一回事。不过，要注意把这种果汁跟"鲜榨"区别开来。

一般"鲜榨"表示水果榨好以后不经杀菌直接灌装。这在果汁店里比较常见，国外的超市也能见到。由于没有杀菌的步骤，这类果汁虽然新鲜，但保质期非常短，一般要买来直接喝掉，最多也只能保存不到一周的时间。

NFC 果汁虽然不经过浓缩还原，但杀菌还是必不可少的处理步骤。它一般采用瞬时超高温灭菌技术，以达到延长保质期的要求。

NFC 果汁的风味会比浓缩还原汁好一些，但由于经过高温杀菌的步骤，口味会比鲜榨果汁差一点。由于运输和储存成本的增加，所以 NFC 果汁的价格要比普通浓缩还原果汁高一些。

很多 NFC 果汁称比普通果汁营养更丰富，实际上两者营养成分不会有太大的区别。果汁中营养成分的损失主要是在榨汁和杀菌这两个过程中，而这两个过程不管是 NFC 果汁还是普通果汁，都是没法避免的。

## 冷压技术和高压杀菌技术

那么，有没有什么方法可以改变榨汁和杀菌这两个过程中的口感和营养损失？

方法是有的，那就是冷压技术，只是现在还没有大规模普及。不过在详细解释冷压技术之前，我们先说说榨汁过程。

传统的榨汁方法可以类比家里的榨汁机，是通过刀刃快速旋转来把果肉切碎，进而把汁提取出来的。这样就会产生一个问题，那就是在切碎的过程中，由于摩擦生热，果肉的温度会变高。这样就会造成一些营养损失和风味改变。

冷压技术就是将传统榨汁改为"压榨"，通过压力而不是切割的方式把水果中的水分压出来。这样水果的温度不会升高，就很好地保护了其中的营养物质不损失和风味不发生变化。

再说说杀菌过程。传统杀菌无论是巴氏消毒法还是超高温瞬时灭菌技术，都是让果汁达到一个比较高的温度，再持续一段时间，以此来杀灭细菌。但就像榨汁一样，高温会造成营养和风味损失。

那么，有没有不用高温的杀菌方式？当然有，而且很暴力。

没有高温，可以用高压啊，把微生物压死不就得了。

这就是高压杀菌法，也就是将果汁置于高压环境下进行杀菌。在这种情况下，绝大多数微生物都无法存活。

采用了冷压技术和高压杀菌法处理的果汁，营养成分和味道都可以得到较大程度的保留，而且保质期也可以达到工业生产的要求。

这类果汁的弊端就是太贵，喝不起！在美国，一小瓶冷压的果汁要 20 多美元，这也是这类产品的正常价格。

但冷压果汁提升的那一点点营养（主要是

TIPS

NFC、冷压、高压杀菌等技术都是发生在果汁生产不同阶段的。冷压是榨汁过程的新技术，NFC 指没有经过浓缩还原这一过程，而高压杀菌是杀菌过程中的新技术。所以，它们可以任意搭配使用。

维生素和抗氧化物质），其实我们也很容易从其他食物中获得。所以说，为了"营养"买这种产品，性价比并不是很高。

因为成本降不下来，所以这两种技术目前还难以普及。

希望在不远的将来，我们可以看到新的技术突破。

## 总结

① 传统的 100% 果汁大多是经过浓缩还原的，味道和营养会有一定损失。

② NFC 果汁可以让味道的损失降低。

③ 想让味道和营养的损失降低，可以用冷压和高压杀菌技术，但这样做成本会升高，价格相对比较高，相对性价比不是很高。

# 自制果汁，你需要哪种机器？

以前，人们选购榨汁机很简单，直接到商店里去买就可以了。现在，虽然网络购物越来越发达，大家可以在网上购买了，但情况却变得复杂很多。你可能会发现，若是搜索"果汁机"三个字，会出现普通榨汁机、料理机、原汁机、破壁机等一系列机器。

这些机器都是干什么用的？有什么区别？

如果你是一名愿意深入研究的吃货，可能会想详细了解一下各种机器的不同。不过，看完这些机器的广告语之后，你可能反而变得非常茫然：

破壁机：我是破壁机。我拥有极高的转速和功率，能完美破坏植物的细胞壁，把营养成分打出来！

原汁机：我是原汁机。我主打慢转速，采用慢速压榨的方式来避免刀片旋转产生的过热环境，是保护水果营养的最佳方式！

别急，在这一小节里，我们就来探讨一下，这些机器到底有什么区别。

这些林林总总的机器，其实可以分为两大类：搅拌机和榨汁机。而这两大类机器的区别是，出来的果汁和果肉会不会分开。

第一类是搅拌机。它的作用很简单，就是用旋转刀片把各种东西绞碎混合在一起。这种机器打出来的东西不能称为"果汁"，也许称为"果昔"更合适一些。在这种饮料中，水果的不溶物部分也会被绞碎，和果汁混合在一起。

当然了，搅拌机能做的事不仅限于做果昔，还可以做冰沙、绞肉、做豆浆、把干货磨成粉，因为它们归根结底都是"搅拌"出来的。正因为如此，有很多商家会用"料理机"这个称呼来体现它的全能。

而所谓的"破壁机"，其实就是一个大功率版本的搅拌机。由于电机的功率更大，转速更快，"破壁机"可以把食物磨得更细碎，颗粒感更小，喝起来会更顺滑一点。

其实，广告宣传中的"打碎细胞壁，把营养物质打出来"是所有搅拌机都做得到的事情。

我们平常吃的水果、蔬菜等食物的细胞壁没有那么坚固，拿牙齿也可以轻易咬碎，高速旋转的刀片当然更加不在话下。

即使我们吃下没破坏细胞壁的食材，在消化过程中，细胞壁也会慢慢地破碎，营养也照样会被人体吸收。细胞壁的主要成分纤维素，则是消化过程中不可或缺的膳食纤维的主要来源。

既然不去事先"破壁"也不影响营养的吸收，那么说"破壁机打出的果昔更有营养"也就没什么道理了。

破壁机作为大功率的搅拌机，最大的作用是把平常那些不容易搅拌的、比较干硬的食材也一起搅拌成泥状，而且搅拌出来的果昔会比较细腻一点。至于营养价值，区别不会很大。

无论是破壁机还是普通搅拌机，由于叶轮高速旋转，在制作过程中都会有高温产生。一些营养会在高温中损失，而且由于氧化作用，口感也会发生细微的改变，只是损失的营养成分不多，平时也用不着特别考虑。

## 榨汁机和原汁机

第二类是榨汁机，和搅拌机不同的是，它是会把果汁和果肉残渣互相分离的。这样榨出来的才是真正的"果汁"。传统的榨汁机采用旋转式的刀片快速切割水果，并采用离心力把果汁"甩"到一个特定的收集器里面，这样我们就获得清亮的果汁了！

现在又出现了一种通过"压榨"和"研磨"来实现榨汁的机器。它是通过压力把果肉里的水分"压"出来。这种榨汁机会被商家称作"慢速榨汁机"或者"原汁机"。

我们前面说到过冷压果汁。从工艺上来说，原汁机和冷压技术比较类似。

## 原汁机比榨汁机更好？

原汁机利用"压榨"技术代替传统的离心技术，最大的好处就是避免了高温对果汁的影响。这样的果汁氧化程度低，喝起来味道会更新鲜一点。

它还有一个好处是，榨出来的果汁不容易分层。传统果汁虽然有滤网存在，但总会有一些细小的果肉通过滤网，在果汁上方集聚形成果渣。而原汁机由于是"压榨"，所以很难混入果肉，很好地避免了分层现象的产生。

但说到营养，其实两者区别不会很大。虽然从理论上来说，原汁机可以避免榨汁过程中的高温破坏水果中的维生素，但是具体会增加多少营养，目前并没有很权威的数据。

退一步说，这些损失的维生素，其实也可以从其他食物中很方便地获得。单单为"营养"而使用原汁机并不值得。

## 要搅拌还是要榨汁？

如果我们把破壁机搅拌出的"果昔"和原汁机榨出的"果汁"做对比，结果会怎么样呢？其实，两者各有优劣，最重要的还是看自己到底爱喝哪种！

# 那些与"椰"有关的食品，你知道多少？

　　很多人对市面上卖的椰果产生过疑惑，不知道它究竟是怎么做成的。大家可能会问：买来的椰果罐头与真正椰子里的椰肉质地差好多，难道这些椰果不是源自于椰肉，而是另一种物质？

　　事实上椰果还真不是源自椰肉。其实，椰果是细菌发酵出来的。

## ／ 椰果

　　"椰果"这种东西的正式名称叫椰子凝胶，1973 年在菲律宾被最先制造出来，后来传入中国，成为了很多甜品小吃的辅料。

　　生产椰果的原料是椰子水。椰子水经食糖、醋酸等调味之后接种葡糖醋杆菌，在发酵过程中，这种细菌会生产细菌纤维素，在椰子水中生成白色纤维，进而形成凝胶。将凝胶收集起来，我们就得到椰果了。所以，椰果跟椰肉其实完全没有关系。

　　目前也有一些椰果的生产没有用到椰子水，而是直接用配置好的营养液。虽然这样制作的"椰果"吃上去没什么区别，但跟椰子已经没有任何关系了。

说到椰果，就不能不提椰子本身。椰子是一种神奇的水果。很多人可能都产生过这样一种疑问：椰肉、椰子水、椰汁、椰浆、椰蓉、椰丝这些东西，到底是怎么做出来的？又有什么区别呢？

我们还是先来看看椰子的结构吧。

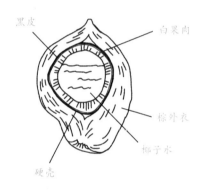

椰子的基本结构图

椰子最外层是非常厚的椰子壳，这层壳是椰子的果皮。剥去椰子壳后，是一个接近球形的硬壳，这是椰子的种子。壳里包裹着白色的椰肉和透明的椰子水。

## 椰子水

我们在热带旅游时经常能看见路边卖椰子的小摊，小贩会熟练地把椰子削出一个小口，然后插根吸管进去，于是我们就能喝到清爽甘甜的椰子水了。

椰子水是椰子最中心部分储藏的水状液体，本质上是椰子的液体胚乳。它含有 95% 的水，4% 的碳水化合物，剩下 1% 里大多是脂肪和蛋白质。

在超市见到的盒装或罐装椰子水，大多是经过调味和灭菌之后的产品。有些椰子水会额外加入椰肉，使口感更丰富一些。

很多椰子水广告声称椰子水具有"保健作用"，是天然"运动饮料"。实际上，椰子水含有的矿物质和维生素都少得可怜，虽然是消暑圣品，但营养价值并不高。

## 椰浆、椰汁、椰奶

这三者差不多是同一种东西，都是从椰子的椰肉里榨取出来的。

椰肉就是椰子水喝完之后，边上那层厚厚的、白白的、胶冻状的果肉。它本质上是椰子的固体胚乳。

和椰子水不同，通常制作椰奶选用的是比较成熟的椰子，因为它们的椰肉会更厚一些。将椰肉打碎，和水混合在一起，过滤之后就获得了椰奶。它有时候也被称作椰汁。

市面上也有些椰汁是用椰肉粉加水复原而成的"复原椰汁"。这一点大家可以从配料表上面辨别出来。

而椰浆是水加得特别少，或者根本不加水的椰奶。"浓缩椰浆"是指不仅没有加水，反而要脱去一部分水分的椰奶。椰浆一般用于烹饪，特别是在东南亚菜肴里相当常见。

## 椰奶油与椰油

椰奶和牛奶一样，也是脂肪和水的混合物。它含有约23%的脂肪，其中绝大部分都是饱和脂肪。

当冷藏或者静置很久后，椰奶中的脂肪成分会漂浮到表面上来。当然，工业生产中用离心机可以快速实现"水油分离"，将脂肪成分收集起来，从而得到椰奶油。

椰奶油一般也用于烹饪。添加了糖分的椰奶油可以用于制作一些种类的鸡尾酒。

椰奶油除了油脂外，还含有一定的水分和其他物质。将椰奶油进一步加工提纯后，可以得到纯净的椰油。

椰油的饱和脂肪含量高达91%，又不含反式脂肪，常用于替代人造奶油。使用椰油的奶精（植脂末）产品可以轻松达到"0反式脂肪"的要求。

有些保健品推销员声称椰油"对健康有好处"，甚至"可以减肥"。实际上椰油饱和脂肪含量太高，大量食用不仅容易肥胖，还可能会增加心血管疾病风险。

## 椰丝与椰蓉

椰丝和椰蓉都是将椰肉晒干后得到的。

制作椰丝很简单，直接将椰肉切成想要的条状或丝状，然后晒干或烘干即可。椰蓉是将椰丝进一步打碎所形成的细碎小颗粒。当然，如果晒干后磨成粉，我们就得到椰子粉了。

椰丝和椰蓉广泛用于制作甜品、糖果、零食等食品。

椰子不仅可以用来吃，椰子壳还可以作为燃料使用。老椰子壳的纤维可以用来编制麻绳、织席或是做地毯。椰树不仅可以作为行道树，它的树叶和树干还可以用来建造房屋。

椰子简直是自然界对人类的伟大馈赠。

# 那些诱人的甜品配料，究竟都是啥？

　　珍珠、布丁、西米、奶盖……这些名字伴随着甜品店诱人的芳香，总是让人欲罢不能。但是，你有没有想过，这些甜品店常见的配料，到底是用什么做的？又是怎么做出来的？真相可能会让你大吃一惊！

　　这一小节里，我们就来深度分析一下这些常见的诱人甜品。

## 珍珠

　　不管是珍珠还是波霸，其实都是指同一个东西。它的专业叫法是粉圆。粉圆是什么？没听说过？没关系。大家平时在家做过汤圆吗？把糯米粉加水揉成团，搓成一粒一粒扔水里，煮好以后就是小汤圆。汤圆用的是糯米粉，而粉圆用的是木薯淀粉，这就是它们最主要的区别。一句话总结，粉圆就是用木薯淀粉做成的小圆子。

　　工业生产中，粉圆在成型、煮制之后往往还要经过干燥和冷冻工艺，才会作为食品原料被运送到奶茶店、甜品店里。一般我们喝的珍珠奶茶里的珍珠都是黑色的，那是因为在制作过程中添加了焦糖色素的原因。

只要把焦糖色素换成其他类型的色素，就可以做出各种颜色的粉圆啦。

为了保持粉圆爽滑的口感，往往还要添加一些增稠剂，如瓜尔胶、羧甲基纤维素钠等。无论是食用色素还是增稠剂，只要符合国家标准，都对身体无害。

有流言说不少珍珠奶茶里的珍珠是用塑料做的，吃多了会得肠梗阻。其实想破解这个谣言很简单，去网上搜搜粉圆和塑料的价格，你会看到，粉圆的价格一般在每千克 10 元以下，而塑料价格要远远高于粉圆，一般每千克要 20 ~ 30 元。用价高的塑料代替便宜的粉圆，这纯属脑子不好使。

## 爱玉

爱玉是一种植物的名字，它属于桑科，是薜荔的一个亚种，仅在我国台湾有分布。

我们食用的部分是它的种子——爱玉籽。将爱玉籽从果实中取出，晒干之后装进一个纱布里，在水里反复揉搓纱布，爱玉籽中的浆状液体就会被揉出，溶解在水中，这个过程被称作"洗爱玉"。

"洗"好之后，只要将水静置一段时间，那些水就会像变魔法一样，自动变成凝胶状态。难怪很多外国人会把爱玉称作"魔法果冻"。凝胶状态的爱玉上面再加一点糖、红豆、百香果等其他配料，一碗诱人的爱玉冻就做好啦。

其实，这个"魔法果冻"的"魔法"原理并不难理解。爱玉籽中富含两种成分，一个是果胶，另一个是果胶酯酶。台湾的水质通常比较硬一些，水中矿物质含量比较多。在果胶酯酶的参与下，果胶与水中的钙离子或镁离子发生反应，果胶交联在一起，把水分团团围住，就形成了果胶凝胶。

简单来说，爱玉冻就是利用爱玉籽中的果胶作为胶凝剂做成的胶冻。

## 仙草

仙草冻来源于一种叫做仙草的草本植物。将它的茎和叶子采收来，放在阳光下晒干；在晒制的过程中，仙草叶充分接触阳光，发生氧化而变黑；然后，再将仙草干放在沸水里煮，让汁液充分溶解在水中，加入淀粉或薯粉作为增稠剂，凝固之后就得到了黑色半透明的仙草冻。

仙草和爱玉的区别主要在于凝固方式的不同：爱玉的凝固靠的是果胶，而仙草的凝固靠的是额外加入的淀粉或其他胶体。

## 龟苓膏

龟苓膏看上去和仙草类似，但是原料和制作方法却有着天壤之别。传统的龟苓膏采用3种主要原料制作而成，这3种材料是金钱龟的龟板、土茯苓和甘草。将这3种材料配合其他中药药材一起煎制（小火长时间慢煮），得到的汤药凉了后就会自动凝固成胶状。

为什么这三样东西长时间慢煮就会形成凝胶？

熟悉食品加工的人应该立刻就会反应过来：这就是明胶的制作原理啊。动物的骨骼中富含胶原蛋白，将动物骨骼长时间熬煮，胶原蛋白就会裂解成胜肽，溶于水中。当温度降低之后，这些肽类就会形成交联结构，使体系变为胶冻状。

工业上生产明胶，也是用鱼骨、猪骨、牛骨等长时间熬制而成。我们平时吃的肉冻、鱼冻等，之所以能凝固成胶冻，也都是靠明胶的作用。

当然，现在由于金钱龟是保护动物，龟苓膏不可能再用金钱龟的龟甲来制作了。那怎么办呢？解决的方法超级简单：直接用现成的明胶来代替就可以了。

/ 西米

可能很多人都想象不到，我们常吃的西米露，竟然来源于棕榈树的树干。

有很多种西米椰属的棕榈都可以用来做西米，其中最有名的是印度尼西亚产的西谷椰子。这些棕榈树有个特点，就是树干中间是富含淀粉的"髓质"。

将树干中的髓质取出，用水洗涤数次，除去残留的木质纤维，便得到了纯的西米粉。西米粉的主要成分就是淀粉。将西米粉加水调成糊状，经过磋磨，制成圆形颗粒，就是我们平常吃到的西米了。

现在市场上售卖的西米，往往会在西米粉的基础上，额外添加一些别的种类的淀粉，以此来降低一部分成本。

## 芋圆

传统的芋圆是现将芋头煮烂，捣碎成泥之后与木薯淀粉拌在一起，搓成长条状，切成段以后放水里煮出来的。前面我们说到，木薯淀粉就是珍珠的主要原料，所以芋圆吃起来也有一种类似珍珠的爽滑感。

现代芋圆的原料不只有芋头，还可能是紫薯、南瓜、红薯等。它们中的任意一种或者几种经过组合，与木薯淀粉拌在一起，煮过之后得到的东西，都可以称作芋圆。原料的不同造成了芋圆颜色的不同。

而木薯淀粉和食物泥的比例，是影响爽滑感和香味的重要因素。一般来说，木薯淀粉越多，芋圆吃上去就会越爽滑，但香味也会越弱。如果食物泥越多，那香味就会越强，但吃起来可能就没那么有弹性了。

## 布丁

比较常见的布丁可以分为两种，一种是热加工成型的，比如说在家里做牛奶鸡蛋布丁，就可以将牛奶与生鸡蛋打到一起，加热后由于蛋白质变性凝固，从而形成胶冻状固体；第二种就是冷加工处理，比如直接在制作布丁的某种液体中加入融化的明胶、琼脂或者其他胶体，等到冷却后，它就变成了凝胶状的固体。

现代工业化大生产可以直接将奶粉、鸡蛋粉以及形成凝胶的增稠剂等结合到一起，做成"布丁粉"这种东西了。在制作布丁时，直接将现成的布丁粉溶解在水里，加热煮沸，等到冷却时，布丁也就做好了。

奶茶中的布丁，大部分都是靠这种布丁粉做成的。这种操作简单方便，既节约时间，又能保证味道鲜美。

## 奶盖

近几年，奶盖茶非常受欢迎。也许你也有过疑问：奶盖看上去比牛奶口感要"厚"很多，它真的是牛奶做成的吗？

实际上，制作奶盖当然不是一杯牛奶就可以搞定的。一个好的奶盖，既要吃起来绵密厚实，又要保证分层效果在一段时间内保持稳定，不与下面的茶发生互溶。想做到这两点，可不是一件容易的事情。

奶盖的基础原料是打发的奶油、牛奶和奶油奶酪。自己在家做奶盖时，可以尝试酌情加入一些盐和糖，这样得到的奶盖会比较厚实，但稳定时间较短，比较容易和下面的茶发生互溶。

奶茶店制作奶盖要简单得多，很多都是直接使用奶盖粉。奶盖粉中含有一些稳定剂和增稠剂，可以让奶盖保持更长时间的稳定。只要把奶盖粉和奶油放在一起，加上少许牛奶，打发之后，奶盖就做好了！

# "米其林三星"的真相

在美国和欧洲，公路旅行是一种常见的生活方式。可是，很多人不知道，这种公路旅行文化的盛行，在很大程度上是拜一家汽车轮胎厂商所赐。这个厂商就是米其林。正是它出版的《米其林指南》这本书，对公路旅行起到了一种"催化"作用。而这又直接导致了"米其林星级餐厅"成为餐厅评级的黄金标准！

目前，"米其林三星"在我们眼里已经成为"世界顶级餐厅"的代称。作为一个厨师，如果成为米其林三星餐厅的主厨，这个荣誉丝毫不亚于作为科学家取得诺贝尔奖。那么，为什么米其林作为一家轮胎厂商，好好的轮胎不做，要去研究美食呢？

这是一个非常有意思的问题，也许也是史上最经典的品牌推广案例了。

## 米其林餐厅的历史

让我们回到 1900 年的法国。那时候，汽车刚刚诞生。全世界的公路上行驶的汽车不超过 3000 辆。当时，公路设施还不完善，如果打算"开车去旅行"，其实是一场不折不扣的冒险行为。这时，米其林就从中嗅到了推广自家轮胎的机遇，决定为驾车旅行者提供一个比较方便的小册子。这个小册子的功能有点像现在的大众点评网，会提供餐厅、酒店、加油站、维修站等实用信息。由于他们的本行是做轮胎，所以1900年出版的《米其林指南》里还能找到大量拆换轮胎、车辆保养等信息。甚至在"巴黎篇"中，你可以找到巴黎所有汽车制造商的列表。

米其林做这本杂志的目的就是改变人们的出行方式，号召大家开着车去旅行。只有这样，他们的轮胎才有销路！当时，米其林在加油站、维修站里大量投放这种小册子，供人免费取阅。当时正好赶上1900年的巴黎世博会，米其林也在世博园区不遗余力地投放这种小册子，宣传公路旅行，推广自己的轮胎。这种推广行为的效果是显而易见的，米其林轮胎的大名很快就扩散开来。

但很快，米其林意识到了问题：随着手册内广告数量的增多，这个指南正在慢慢转变为一本廉价的广告合集。再这么下去，取阅的人会越来越少。米其林创始人之一安德烈·米其林在1920年拜访经销商时，发现自家的小册子竟然被用来垫桌脚。这件事让这位创始人很生气，也就是从此以后，《米其林指南》不再免费发放，改为了收费贩售模式，广告也被取消了。创始人米其林兄弟是这么说的："人们只尊重他们需要花钱买来的东西。"

1931年，划时代的《米其林红色指南》出版了。相比之前手册内容的繁杂，这本指南只集中在餐厅和住宿这两项内容上。其中，餐厅首次采用3个星级的评级系统。同时，米其林公司决定雇佣"美食侦探"乔装成普通顾客去餐厅暗访，坚信这样才能还原顾客们最真实的用餐体验。这种"客观中立第三方"的态度和立场，使得米其林星级餐厅评级的公正性和可信度大大提高，得到了餐饮业界的认可，很快成为了最权威的评级制度，并一直延续至今。

那么，原来手册上的其他内容，比如地图、加油站、维修站等信息，就完全被放弃了吗？其实没有。只是这些资料后来渐渐演变成了《米其林绿色指南》。现在，《米其林绿色指南》的内容已经涵盖了旅游的行程规划、景点推荐、道路导引等内容。

## "星级餐厅"到底说了个啥？

米其林一星、二星和三星餐厅，到底是基于什么样的标准订立的？其实，标准很简单，如果你看了这个标准，一定会恍然大悟："虽然米其林在研究美食的道路上一去不返，但心还是向着老本行的呀。"

🍎 米其林一星餐厅：同类餐厅中表现出色者，是旅行顺路经过时的好选择。

🍎 米其林二星餐厅：杰出的料理，值得在旅途中绕路前去品尝。

🍎 米其林三星餐厅：超乎寻常的美味，值得为此专门策划一场旅行。

这时你可能会问了，这个评价标准好像只是针对一个餐厅菜品的品质啊。除去菜品本身外，服务态度、用餐环境等因素也很重要啊，做米其林评星的时候完全不考虑这些吗？

你说对了，真的不考虑这些。

虽然上述那些因素也会极大地影响用餐体验，但"星级餐厅"的标准真的和它们没有关系，只专注于菜品的质量和"一致性"（"一致性"说的就是你今天吃和明天吃，菜品的质量没有区别）。所以，理论上讲，一家街头大排档也是可以评上米其林三星的，只要菜品的质量和一致性这两方面做得够好。

事实上，服务态度和就餐环境，在《米其林指南》里用的是另外一套评价系统，用叉子和勺子来表示，其中最"高端奢华"的是 5 个

《米其林红色指南》中的餐厅评鉴符号

| 评鉴符号 | 舒适度和菜品质量 |
| --- | --- |
| ✗✗✗✗✗ | 传统奢华 |
| ✗✗✗✗ | 绝对舒适 |
| ✗✗✗ | 非常舒适 |
| ✗✗ | 很舒适 |
| ✗ | 舒适 |
| ❀ | 同类别中很不错 |
| ❀❀ | 出色，值得绕道前往 |
| ❀❀❀ | 出类拔萃，值得专程前往 |
| 🙂 | 米其林轮胎先生头像：这里有价格合理的美食 |

叉勺，比较"平民"的是 1 个叉勺。如果遇到特别舒适的餐厅，就会使用红色的叉勺来表示。这个评价系统只针对用餐环境，和餐品质量无关。

叉勺系统和星级系统结合起来，就给了一个餐厅从菜品质量到就餐环境舒适程度的全方位评价。

除了星星和叉勺以外，《米其林红色指南》中还给一些好吃的"平价美食"餐厅专门准备了一个"Bib gourmand"（必比登美食家）的标志。这个标志表示"这里有好吃的平价美食"。举个例子，芝加哥地区耳熟能详的"沈阳菜馆""老四川""老云南"等，都长期在"Bib gourmand"榜上有名。

大家要注意的是，米其林对餐厅的评价每年都会做出改变。所以经常会有餐厅被"降星"或是被"踢出榜外"，同时也会有很多新的餐厅入榜和"摘星"成功。例如，芝加哥餐厅 Grace 在 2015 年成功"摘星"，由二星升为三星，成为芝加哥地区仅存的第二家米其林 3 星餐厅，与 Alinea 并列。

## 米其林餐厅在中国

之前，很多人会有一个疑问：作为美食大国，中国竟然一家米其林餐厅都没有，这也太说不过去了吧。有人就认为，米其林来自法国，对于法餐比较有偏好，所以中餐很难做到星级。当然，现在《米其林指南》早已经包括了香港和上海地区的美食，这种观点就变成了一个伪命题。

　　首先，我们需要知道的是，《米其林红色指南》是以城市，而不是国家为单位的。目前中国香港、上海都是有米其林餐厅的，粤菜馆"龙景轩"就长期占据着米其林三星的位置。同样是粤菜馆的"唐阁"在 2016 年也晋升为米其林三星餐厅（2017 年其上海的分店也获得了米其林三星荣誉）。分子料理以及以现代化中餐见长的"厨魔"在香港也是米其林三星餐厅。所以说，米其林评级系统对于菜系其实是没有偏好一说的。

　　在未来，《米其林指南》会加入更多中国的城市。到那时候，中国的米其林餐厅数量就会进一步爆发。

# 牛奶、奶油、黄油、奶酪，傻傻分不清？

自从各类西式食品大规模进入中国之后，大家接触到的乳制品数量大大增加了。但牛奶的各种制品品种繁多，看着实在有些头晕，去超市还很有可能买错。那么，牛奶、奶油、黄油、奶酪等各种牛奶制品之间究竟有什么区别？它们之间又有怎样的关系？

牛奶是混合了水、乳脂、蛋白质、糖类和微量元素等物质的混合物。正常情况下，刚挤出的牛奶的乳脂含量大概 3.5%。这些乳脂是以颗粒状态悬浮在牛奶中的。当然，这种悬浮并不是很稳定，只要静置一段时间，乳脂就会上浮到牛奶表面。把表面一层的乳脂收集起来，我们便得到了淡奶油。利用离心技术，我们可以迅速实现这一过程。

淡奶油可不全是"油"哦，它的脂肪含量其实也只有 12% ~ 38%，本质上还是一个由大量水和少量悬浮脂肪颗粒构成的体系，只是脂肪颗粒稍微密集了些。这种东西看上去跟牛奶差不多，只是稍微浓稠一点。

有些读者可能会想，既然淡奶油其实就是脂肪浓缩的牛奶，那我们小时候煮牛奶，上面飘的那一层奶皮是不是也是"淡奶油"呢？

其实不是这样，淡奶油可以被看成把脂肪浓缩了的牛奶，其他成分并没有浓缩。煮牛奶形成的奶皮主要成分确实是脂肪，但也含有很多酪蛋白和乳清蛋白。它是凝结在一起的乳脂微粒吸附了蛋白质之后形成的膜状结构，叫它"淡奶油"显然不合适。

那我们平时在奶油蛋糕上吃的那种奶油是怎么来的？做过烘焙的都知道，打发的呀！通过打蛋器对这样的奶油高速搅打，一段时间后，空气会进入淡奶油内部，包裹在脂肪内部，形成一个"油包空气"的体系，而且神奇的是，脂肪在这种状态下物态会发生变化，有一部分脂肪会发生融合和结晶！造成的结果就是，这一团"油包空气"的东西就形成了一种相对稳定的固体，这就是我们平常吃到的那种固体的奶油了。

而打发这种变化，在脂肪含量过低的情况下就不能发生。一般来说，奶油中的乳脂成分一定要大于30%，奶油才可能被打发。所以，以后如果想要买到可以打发的奶油，直接看营养成分表就可以！这也是为什么乳脂含量只有20%的淡奶油不管打多久都发不起来的原因。上面讲到的打发是让奶油跟空气混在一起，如果我们用的不是打蛋器而是搅拌机，其高速转动的叶片便会把脂肪球结构破坏掉。这样一来，失去球状形态的脂肪便聚合在一起形成固体。我们把这些固体收集起来，挤压掉多余的水分，便得到了黄油。黄油是一种脂肪含量非常高（含量为80% ~ 81%），只有一点点水存在的体系。

得到黄油以后剩下来的那些东西，我们把它叫酪浆。在美国，它可是做薄饼必须的原料之一呢。在这里友情提醒大家，这种东西不能喝！一定不能喝！

为什么酪浆的味道那么奇怪呢？那是因为现在的产品都是经过发酵的产品了。那种"古早味"的酪浆其实味道还是相当不错的。

　　那么，奶酪是如何制作的呢？这完全是另一条技术路线了。因为奶酪是通过发酵和凝乳得到的。牛奶里含量最多的蛋白质叫酪蛋白。在凝乳酶的作用下，这些酪蛋白会发生凝集，从而变成固体。把固体收集起来，按照奶酪种类的不同，有的进行发酵，有的进行熟化，最后制得的就是美味的奶酪。

　　从下图中，我们能更好地了解这些乳制品之间的关系：

# 奶油奶酪、炼乳、酪浆、酸奶油，这些你都能分清吗？

上一小节里，我们详细分析了牛奶、奶油、黄油以及奶酪的关系和区别。相信大家读过之后再去超市，便不会把这些东西弄混淆了。这一小节中，我们会把上一小节里没有提到的那些乳制品都拿来说说，让大家不再为乳制品而犯晕。

## 奶油奶酪

奶油奶酪是超市里比较常见的乳制品，做芝士蛋糕、纸杯蛋糕通常都离不开它。那么，奶油奶酪到底是奶油还是奶酪？

正确答案应该是：奶油奶酪是奶酪。准确地说，它是用奶油为原材料做成的奶酪。

我们在上一小节中已经提到了奶酪的制作过程。牛奶中含量最高的蛋白质是酪蛋白，它在pH降低或者凝乳酶的作用下会发生凝固，这个过程叫"凝乳"。这是制作奶酪的关键步骤。

奶油奶酪做法其实很简单，就是在凝乳之前多了"发酵"这个步骤，通过乳酸菌的发酵来得到特别的口感。经过发酵和凝乳过后，奶油奶酪就做成了。这种没有后续步骤（比如干燥、熟化等）的奶酪，我们把它叫"鲜奶酪"。除了奶油奶酪，制作提拉米苏必备的马斯卡彭奶酪和超市里常见的马苏里拉奶酪，都属于鲜奶酪。

## 淡奶和炼乳

这里把这两种食物放在一起说，是因为它们本质上是一种东西，就是浓缩的牛奶。

淡奶就是直接将牛奶中的水分去掉 50% 以上得到的产物。之所以叫"淡奶"，是相对炼乳说的，因为淡奶并没有甜味。在台湾，这种产品也叫"奶水"。

那么，如何浓缩牛奶呢？目前常用的方法是直接蒸馏。淡奶保留了牛奶中的绝大部分营养物质，可以说，淡奶加水冲泡以后，和牛奶其实区别不是很大。由于淡奶的保质期能达到几个月甚至一年，而且体积只有牛奶的一半甚至更少，因此非常适合长途运输。所以，它常常作为牛奶的替代品被送到那些没有牛奶的地区来使用。

当然，现在淡奶最常见的用途是做奶茶。鼎鼎大名的鸳鸯奶茶和丝袜奶茶，有很多都是用淡奶制作的。怪不得有如此香浓的口感！

那炼乳又是什么呢？很简单，淡奶中加入大量的糖就得到了炼乳！

这些糖虽然也可以最后再加，但一般不是最后才加进去的，而是在牛奶浓缩前就加到牛奶中，和牛奶一起被浓缩的。

别小看这些糖。它能使炼乳相对于淡奶发生很多变化，首先就是颜色和质地的变化。炼乳颜色偏黄，质地更浓稠。最重要的是，这些糖使得炼乳的渗透压大大增加，微生物很难在这种高渗环境中生存下来，所以炼乳通常能存放很长时间不腐坏。

炼乳通常作为调味品添加在各式甜食、糕点和饮料中。

## 酪浆

在上一小节中我们提到过，酪浆是生产黄油的副产品。将奶油高速搅打后，脂肪会失去微粒结构而聚集在一起。把脂肪收集起来就得到了黄油，而剩下的液体就是酪浆。

但是，这样的酪浆现在在超市里已经见不到了。这种酪浆被称为"传统酪浆"，现在在印度、巴基斯坦和黎巴嫩等国家还有售，有兴趣的可以到这些国家去尝试一下。当然，我们也可以通过DIY得到酪浆。但可以肯定的是，西方国家和中国的超市里已经见不到它的身影了。

那么，我们平时在超市里看到的酪浆是什么呢？它的正式名字叫酸性酪乳，即发酵过的酪浆，是牛奶经过乳酸乳球菌和柠胶明串珠菌发酵以后的产物。为什么用这两种菌呢？因为这种酪浆的前身是放坏了的牛奶，是人们在处理放坏的牛奶时偶然发现的。这两种细菌是环境中常见的细菌，刚好能够很好地模拟出放坏的牛奶的气味和口感。

那么这种酪浆可以用来干什么呢？当然不是用来喝的，而是制作各种烘焙制品用的！制作苏打面包时，酪浆就是必要的原料。制作薄烤饼的时候，这种东西也是必不可少的。

## 酸奶油

酸奶油也是国外超市里常见的乳制品之一。酸奶油是怎么做出来的呢？答案很简单：和酸奶一样，只不过原料换成了奶油而已。以奶油为原料，在合适的温度下，经过乳酸菌发酵，就得到酸奶油了。

酸奶油是西餐里比较常见的配料，薯片、沙拉等都可以配着酸奶油一起吃。在一些烘焙制品，如蛋糕、饼干里，也经常会添加酸奶油。

## 黄油霜

看到黄油霜这种名称，可能不少读者又犯晕了吧，心想：它到底是黄油还是奶油啊？

其实黄油霜本质上应该算黄油。说到底它就是打发的黄油，制作方法是将黄油加热稍稍软化（不能融化），然后和白糖放在一起，再用打蛋器高速搅打而获得的。当然，黄油打发之后的状态和原本的黄油是有很大区别的。随着黄油被打发，空气会进入黄油内部，打发的黄油颜色会变浅，质地会变得更加蓬松柔软。

除了涂在吐司等面包上之外，黄油霜最主要的用途是做蛋糕。有很多蛋糕的外层装饰和裱花是用黄油霜来完成的，它能提供和奶油不太一样的口感。

相信看了这么多，大家一定对常见的乳制品了如指掌了吧！

# 一些酸奶可以常温储存半年？
# 里面究竟添加了多少防腐剂！

最近，我们发现了一种温酸奶，店家宣称，这种酸奶采用了新的发酵工艺，就算加热到25℃，也能保持乳酸菌的活性。一般情况下，酸奶不都是放在冰箱里冷藏储存的吗？它们真的可以被加热？新的发酵工艺真的可以保持乳酸菌的活性？

在回答这几个问题之前，我们要知道一些最基本的酸奶的知识。

## 酸奶发酵，需要哪些菌？

大家都知道，酸奶就是牛奶经过乳酸菌发酵制成的。乳酸菌在牛奶中分解乳糖，产生乳酸，成为酸奶酸味的来源。这些乳酸菌还会将蛋白质分解为比较小的多肽和氨基酸。因此，比起牛奶来，酸奶更容易被消化吸收。由于乳酸菌对乳糖的分解，就算是乳糖不耐受的人也可以放心享受酸奶而不用担心不耐受的问题。

那么，通常酸奶中会添加什么样的菌呢？当然是添加乳酸菌。

但你知不知道，其实乳酸菌是一大堆不同种类的细菌的统称。只要这种菌有分解糖类、产生乳酸的能力，而且没有芽孢，属于革兰氏阳性菌，我们就把它称作乳酸菌。

那酸奶中具体是什么菌呢？目前常见的酸奶会添加两种菌用于发酵：保加利亚乳杆菌和嗜热链球菌。市面上大部分酸奶都有这两种菌，有兴趣的话，大家可以在下次买酸奶的时候看看配料表，看是否会发现这两种菌的名字。它们是一对不离不弃的好友，在一起能互相帮助，一起产酸，帮助酸奶凝固，给我们带来美味。

## 酸奶的发酵温度和保藏温度

牛奶经过巴氏杀菌后添加菌种，随后开始发酵，以得到酸奶。

通常酸奶的发酵温度为 40 ~ 45℃，这个温度下乳酸菌活性最强，生长最快。发酵完成后，酸奶一般得冷藏保存。为什么呢？因为冷藏能降低乳酸菌活性啊。如果常温保存，乳酸菌会继续大量繁殖，从而破坏酸奶的口感，吃起来酸味很重。如果常温放置时间过久，乳酸菌也会被自己"酸死"（代谢产物大量积累导致细菌死亡）。那时候，说不定会有杂菌乘虚而入。喝了这样的酸奶，就可能会有安全风险了。

所以说，不管是什么酸奶，乳酸菌在 25℃ 下本来就是能保持活性的。我们之所以去冷藏酸奶，反而是要抑制它的活性，不让它繁殖太快。任何酸奶在加热到 25℃ 时，其中的乳酸菌都可以保持活性。所以大家就放心大胆地把自己的酸奶加热到 25℃ 吧，在寒冷的冬天能多一丝温暖呢！

## / 常温酸奶是怎么回事？

有一些酸奶的配料表中并没有防腐剂，但它却可以常温保存半年。很多人可能会问，这是怎么做到的？

其实很简单。你如果注意看，可以看到产品名下面有一行小字。原来这类产品叫"巴氏杀菌热处理酸奶"，也叫"常温酸奶"，和普通酸奶的区别是发酵后还有一个热处理的步骤，利用高温将乳酸菌杀死。

为什么要如此卸磨杀驴呢？

普通酸奶必须在冷柜中保存，而且不能久放。因为长期放置会让乳酸菌产生过多乳酸，影响风味，所以一般酸奶的保质期只有一周左右，而且还得冷链运输。但如果是经巴氏杀菌热处理酸奶，因为已经杀死了所有乳酸菌，所以就没有那么多顾虑了。这种产品的保质期一般能轻易达到数月，而且可以常温放置，在产品运输、保存方面就有得天独厚的优势。

这种产品的损失也是有的。因为益生菌全都被杀死了，在"营养价值"方面就会略有降低。我们通常说喝酸奶对健康有好处，其中一点就是益生菌帮助消化，改善肠道菌群平衡的作用。显然，喝巴氏杀菌热处理酸奶就没这种效果了。

当然，关于益生菌的保健效果，现在科学界还是存在争议的。所以，我们喝酸奶的时候，不必过分关注"保健效果"，把它当成一种好喝的饮料去喝就可以了。

# 有些牛排像美酒，放得时间越久越好吃！

一般来说，在大家的印象中，肉类肯定是越新鲜吃起来口感越好。室温下哪怕只放了一天，肉也可能会变质。即使是在冰箱里稍微放几天，肉的风味也会有很大程度的下降。可是你知道吗？某些牛排，有时候可能像酒一样，放的时间越长越好吃！

其实，这是一种特殊的牛排加工技术。它就是顶级牛排制作中必不可少的一环——熟成。

熟成牛排起源于美国，最初发现这种加工技术可能只是偶然。人们在低温风干的过程中，发现牛肉竟然变得更加美味了，于是这种技术开始发展起来。

## 熟成牛排分哪几种？

熟成牛排分为干式熟成和湿式熟成两种。干式熟成是最传统的熟成方法。这种方法会把刚刚切好的牛肉放置到 0℃ 左右（通常为 −1 ~ 1℃）的环境中，并保持一定的湿度和风速。这里的湿度和风速都是要严格控制的，一般来说，湿度要控制在 75% ~ 85% 的范围内，风速控制在 0.5 ~ 2 米 / 秒。干式熟成的时间一般在一周以上，有时候甚至会超过一个月。因为整个熟成过程的精确控制需要很高的成本，一般只有牛肉身上比较好的部位，比如肋眼、丁骨等，才会有可能采用干式熟成的方法。干式熟成的牛肉通常在超市里很难买到，大部分只能到比较高级的牛排馆或餐厅才能吃到。

湿式熟成是在塑料包装和真空包装技术发展成熟之后才出现的，这种方法是先把牛肉真空包装起来，然后在低温环境中放置 4 ~ 10 天即可。湿式熟成的成本比干式熟成低很多，在冷链运输普及之后，熟成的过程甚至可以直接在运输中实现，等到牛肉被运送到指定地点时，可能已经熟成完毕了！正因为如此，湿式熟成的牛肉是可以在超市里见到的，价格也比干式熟成的低很多。

那么，为什么要保持那么低的温度呢？很简单，温度如果稍微高一点，牛排放这么久就会腐坏了。这就不是熟成了，是在浪费上好食材啊。

## 牛肉为什么要熟成？

很简单，熟成之后的牛肉更好吃，具有与众不同的风味和口感！

为什么会这样呢？这是因为在熟成的过程中，牛肉的柔软度、水分含量和风味都会产生变化。

首先，牛肉中本身含有的酶在缓慢的熟成过程中会渐渐释放出来，破坏牛肉的结缔组织，也就是通常被称为"牛筋"的嚼不烂的部分。这样的话，熟成之后的牛肉就会变得很酥软，再也不会有"嚼不烂"的感觉啦。

此外，干式熟成过程中水分会散失一些，这使得干式熟成的牛排肉质比起湿式熟成的更为紧致，风味也更加集中。而且，干式熟成过程中，牛肉表面往往会长上一层霉菌。这层"霉菌壳"在制作牛排的过程中是要被扔掉的。但是，和其他很多发酵制品一样，这些霉菌产生的效果正是我们需要的，会给牛肉增添一种独特的熟成风味，而这种风味正是熟成牛排的魅力所在！

## 干式熟成牛排更美味？

大部分"老饕"级食客都会认为干式熟成牛排的风味远远超过湿式熟成的牛排，但是，2006 年内布拉斯加大学林肯分校的一项研究给出了不同的意见。这个研究是采用单盲测试的，志愿者们并不知道吃下去的是干式熟成还是湿式熟成的牛排。吃完后，志愿者需要为牛排的风味、多汁性、柔软度和总体接受度四个维度打分。结果显示，志愿者对于干式熟成和湿式熟成的牛排满意度其实并没有明显的区别！

所以，到底哪种熟成方式更加美味，其实是一种见仁见智的事情，没有必要迷信干式熟成这种方法。但是，干式熟成牛排比湿式熟成的贵很多是真的。

## 牛排可以在家熟成吗？

当然可以，但是很难。主要不是难在风味保存上，而是很难确保食品安全。

干式熟成需要温度、湿度、风速的精准控制，还有对车间卫生环境和微生物的控制，这样才能最大限度减少杂菌的污染。而我们平常在家很难做到这些。湿式熟成简单一些，但如果没有良好的卫生条件，即使有真空包装设备，可能也无法避免杂菌（特别是厌氧菌）污染的情况。

所以，这里不太建议大家在家里做熟成牛排。当然，想尝试也不是不可以，只是要做好"可能会有风险"的准备。

# 乳糖不耐受怎么办？

大家可能会有这样的体验：喝完牛奶以后出现肚子不舒服、腹胀、肚子咕咕叫以及不停放屁等现象；更严重一点的，会出现腹泻、呕吐等症状，这是怎么回事呢？

其实，这是一种叫"乳糖不耐受"的病所引起的反应。因为消化道里缺乏分解乳糖的酶，导致乳糖在消化道大量累积，被肠道菌群发酵以后就产生了很多气体，进而让消化功能出现紊乱。

可是，你可能不知道，与其把乳糖不耐受称作"病"，不如称它为一种"症状"更合适一些。为什么呢？因为这种情况实在太普遍了，全世界乳糖耐受的人没有不耐受的人多。如果我们把视野局限在东亚，那90% ~ 100%的东亚人群都有或多或少的乳糖不耐受。所以，如果哪位读者敢说自己能完全耐受乳糖，那绝对是百里挑一的了。

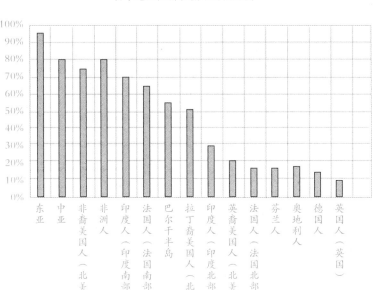

各个地区人群乳糖不耐受比例

正因为如此，食品科学家一直致力于把牛奶中的乳糖去掉，同时最好不要改变牛奶的口感。在一个混合物中去掉一种东西，说起来好像并不难，但其实真正做起来并没有那么容易。目前加工无乳糖牛奶主要有两个思路：酶解和膜分离。这两个名词看起来很专业，但其实都很容易弄明白。

先说说酶解。大家知道，对于乳糖耐受的人来说，牛奶喝下去之所以没事，就是因为消化道里的乳糖酶把乳糖分解成了分子量更小的半乳糖和葡萄糖。因为这两种糖都是能被人体直接吸收的，所以乳糖就不会累积在身体里了。

那么，大家会很自然地想到，我们在牛奶的加工过程中，就在牛奶中添加这种乳糖酶，让牛奶中的乳糖自己分解不就行了？对，酶解法就是这么进行的。生产这种牛奶的步骤和生产普通牛奶大致相同，只是在中间多了一个"酶处理"的步骤，添加乳糖酶来分解乳糖。这样我们得到的成品中就没有乳糖了。

通过这种工序加工出的成品中虽然没有乳糖了，但却多了乳糖的分解产物——葡萄糖和半乳糖！这会有什么影响吗？

还真会有影响。那就是——牛奶会变得更甜，风味会有些许改变。但是，比起乳糖不耐受带来的痛苦，一点风味上的改变也算可以接受。所以，目前市场上的无乳糖牛奶中，采用这种技术的占了绝大多数。

那么，作为完美主义者，你可能会想，有没有一种方法，既能除去牛奶中的乳糖，又能最大限度保留风味呢？这种方法是有的，那就是之前提到的膜分离技术。这种技术目前应用并不多，但至少在美国，已经有一些产品采用这种技术了。所以说，膜分离技术还是有挺大发展前景的。

膜分离是怎么回事呢？用一个通俗的例子来解释吧。大家先来思考一个问题：给你一个瓶子，里面装满了小石子、沙子和水，它们是均匀分散在瓶子里的。现在你的任务是把沙子分离出来，让瓶子里只留下小石子和水。你会怎么做？

用两个筛子，先用网眼大一点的筛子把小石子筛出来，得到小石子；然后再让剩下的沙子和水的混合物通过网眼小一些的筛子，这样就得到了沙子和漏下去的水；最后，把前面得到的小石子和后面漏下去的水混合起来，倒回原来的瓶子里，不就完成任务了！

对，这就是膜分离的基本思路，用通俗的话说，就是用两个不同孔径的筛子来过滤，从而分离出无乳糖牛奶。

牛奶是由水、蛋白质、脂肪、乳糖、无机盐、矿物质等组成的混合物，其中蛋白质和脂肪的个头（分子量）最大，就相当于例子里面的小石子；乳糖等糖类的个头次之，相当于例子里面的沙子；水、无机盐、矿物质等个头最小，相当于例子里面的水。

在膜分离技术中，我们使用的"筛子"也有两种，孔径比较大的那种叫"超滤膜"，能将牛奶中的蛋白质、脂肪截住，让其他物质流出；孔径比较小的那种叫"纳滤膜"，能把乳糖截住，让水、无机盐、矿物质等物质流出。在牛奶依次通过两层膜之后，我们把被超滤膜截住的那部分加入到最后流出的液体中混匀，得到的就是不含乳糖的牛奶了。

这种处理方法的优点是牛奶的风味基本不会发生什么改变，缺点是成本比较高。对于食品公司来说，购置膜分离设备、超滤膜和纳滤膜等，都是一笔挺大的支出。

现在，也有的产品会将两种技术结合起来使用，在膜分离处理后再添加乳糖酶。这样处理的好处是，进一步保证没有乳糖存在牛奶中，而且也不会产生过多的葡萄糖和半乳糖来改变牛奶的风味，毕竟绝大部分乳糖都被过滤掉了。

# 为什么巧克力放久了表面会有白霜？

喜欢吃巧克力的人可能会有这样的感受，若是巧克力放久了不吃，表面就会产生一层"白霜"。这样的巧克力还能吃吗？答案是能吃！那么，这层"白霜"究竟是什么呢？它又是如何形成的呢？这一节我们就来讨论一下这个问题。

## / "白霜"居然有两种

其实，"白霜"问题是巧克力工业界最常遇到的现象。它在英语中有一个专业而浪漫的词汇，Chocolate Blooming，翻译成中文就是：巧克力的"开花"现象。

但实际上，这是巧克力厂家最头疼的问题之一。白霜既影响巧克力的外观，也影响其口感。因为白霜的存在，巧克力的最佳食用期限被限制在了很短的时间段内。

大部分人不知道，巧克力的白霜分为两大类，一类叫脂霜，另一类叫糖霜。这两大类白霜的形成机制是完全不同的。

顾名思义，糖霜的主要成分就是糖。它的形成往往是巧克力在短时间经历剧烈升温导致的。比如说，把放在冰箱里冷藏的巧克力直接拿到室温下放置一段时间，就比较容易出现这种问题。

为什么会发生这种现象呢？因为在这种情况下，空气中的水分会在较冷的巧克力表面发生凝集，成为一滴一滴的小水滴，就像清晨的露珠一样。这些水分就会把巧克力中的白砂糖溶解出来。水分蒸发后，白花花的糖就留在巧克力表面了。

除了升温，还有一种情况会导致糖霜的形成，那就是将巧克力置于非常潮湿的环境下，这样也会促进小水滴的形成。

比起糖霜，脂霜更加常见，对巧克力品质的威胁也更大。脂霜的主要成分是可可脂。对于它的形成过程，学术界有两种比较成熟的理论。

在讲述这些理论之前，我们有必要了解一下巧克力的调温。

看过巧克力制作的人可能会发现，制作师在制作巧克力的时候，会把巧克力浆放到大理石板上，用刮铲不停翻拌。这就是制作师在进行调温操作。只有经过调温的巧克力才能保证保存时间，保证爽滑和入口即化的口感。

那么，调温究竟是什么呢？

我们知道，金刚石和石墨是碳的两种不同的结晶状态。可可脂也有不同的结晶状态，而且比较厉害，总共有 6 种结晶形态，每种结晶形态都对应不同的熔点。比如说，其结晶 I 的熔点只有 17℃，在室温环境下已经是液态了。而结晶 VI 的熔点达到了 36℃，就算在舌尖也不一定能融化，吃起来"味同嚼蜡"。

可可脂的晶型和熔点对应关系

| 晶型 | 熔点 | 特性 |
|------|------|------|
| Ⅰ | 17℃ | 软，易碎，熔化温度过低 |
| Ⅱ | 21℃ | 软，易碎，熔化温度过低 |
| Ⅲ | 26℃ | 硬度适中，断裂声音不足，熔化温度过低 |
| Ⅳ | 28℃ | 硬度适中，断裂声音不足，熔化温度过低 |
| Ⅴ | 34℃ | 有光泽，硬度适中，断裂声音完美，接受体温的熔点 |
| Ⅵ | 36℃ | 硬，需要数星期的时间才能形成 |

我们最希望的是，巧克力中所有可可脂都处于结晶 Ⅴ 的状态。这种结晶熔点是 34℃，刚好在室温时是固态，在舌尖时又可以曼妙地融化。这就是一块"完美"的巧克力了。

当然，现实世界不可能这么完美。我们进行"调温"操作，就是为了确保大部分的可可脂都处于结晶 Ⅴ 的状态，但是总会有一些"漏网之鱼"处于其他结晶状态。

明白了这些，我们再来看看解释脂霜形成的两种理论吧。

第一种理论是相分离理论。这种理论认为，巧克力中存在的少量"低熔点可可脂"是导致脂霜的罪魁祸首。

因为在保存温度比较高的情况下，那些低熔点的可可脂会融化。脂肪融化之后体积会变大，会挤占更多空间，而脂肪周围的其他物质还是固体。

于是，这些脂肪就会从晶体间的空隙中被"挤压"到巧克力表面上，在表面结晶形成脂霜。

这个理论解释了为什么把巧克力放在比较热的地方，很快就会结霜。但是，就算巧克力一直低温储存，在时间足够长的情况下也会出现脂霜。这种现象，相分离理论就无法解释了。

要解释长时间储存中脂霜的形成，就需要用到另一个理论：多晶转变理论。

多晶转变理论认为，"味同嚼蜡"的结晶Ⅵ状态才是最稳定的。可可脂的其他结晶类型（包括完美的Ⅴ型）终究会慢慢向结晶Ⅵ进行转化，在转化之后就会形成白霜。

换句话说，虽然调温之后可以获得完美的巧克力，但是结了白霜的巧克力才是"最稳定的巧克力"。

这个理论也带来了一个令人悲伤的事实，那就是，我们只能尽量通过调温来延长脂霜到来的时间，但不能避免它。

## 如何分辨糖霜和脂霜？

无论是结了糖霜还是脂霜，巧克力都是可以安全食用的，只不过口感可能会有下降，而且看上去也不那么好看了。

如果巧克力不幸"开花"了，如何分辨它结的到底是糖霜还是脂霜呢？

**方法一：看外观**

结糖霜的巧克力外观比较干燥，用手指触碰结霜的地方，霜不会融化；结脂霜的巧克力外观潮湿，手指触碰霜会融化。

### 方法二：滴水法

将一滴水滴在巧克力表面，结糖霜的巧克力表面上的水会摊开，而结脂霜的巧克力表面上的水会结成小球状。

### 方法三：用吹风机吹

吹风机的热力会很快融化脂霜中的脂肪，但对于糖霜没有明显效果。

## 一些保存巧克力的小建议

巧克力含有 60% 的糖类、30% 的脂肪和约 8% 的蛋白质，几乎没有水，水活度只有（令人发指的）0.1% ~ 0.2%。在这种环境下微生物难以存活。因此，普通巧克力很难被微生物侵染。

但是，这并不代表我们可以掉以轻心。

如果没有按照正确方法保存巧克力，结霜倒不是大问题，若是脂肪发生氧化或者在吸水后达到霉菌存活条件导致发霉，都会严重影响人们的健康，导致食品安全问题。

一般的巧克力保质期（最佳食用期）在 3 个月到 1 年左右，但生巧克力和松露巧克力由于添加了大量奶油等水分含量高的配料，变质和受到微生物侵染的机会会大很多，建议密封冷藏保存，并在两周内尽快食用完毕。

有很多人认为，冷藏保存巧克力对巧克力不好。其实，这是个误会。冷藏保存巧克力完全可行。在保存巧克力的时候应该注意：

● 如果打算将巧克力放在冰箱中冷藏保存，那么请在保存前先将巧克力密封。这是因为冰箱中空气湿度很大，对巧克力保存不利。

● 吃巧克力的时候，吃多少拿多少，不要反复进行冷藏后又常温保存的循环。

## 总结

*1* 巧克力结霜分为两种：糖霜和脂霜。两种结霜的形成原因完全不同，但都属于物理变化。

*2* 结霜的巧克力依然可以食用，只是外观和口感变差了。

*3* 巧克力平时应避光低湿度保存，同时避免过高的温度，用冰箱冷藏完全可行。

*4* 脂肪氧化和吸水发霉是巧克力常见的变质原因。

## TIPS

巧克力"不能吃了"的征兆

▶ 出现油脂酸败气味或其他气味。
▶ 出现霉味或霉点。
▶ 巧克力质地发生较大改变（比如变成易碎的粉状等）。

## TIPS

保存巧克力的小窍门

▶ 避光。
▶ 密封。
▶ 低温。

# Sous-vide，游走在危险边缘的顶级料理法

如果你对新式的烹饪技术感兴趣，那你一定不会错过一个法语单词，叫做 Sous-vide。

传说中，经过 Sous-vide 处理的食材，不仅看上去高端大气，而且会产生独一无二的风味！目前，Sous-vide 是每个顶级大厨必学的内容，也是米其林餐厅的标配。

那么，Sous-vide 到底是什么呢？其实，Sous-vide 这个词跟蒸、煮、炸、炒、煎一样，是形容一种烹调的方法。这种烹调方法虽然 20 世纪 70 年代就已经出现，但直到最近才传入中国，所以目前中文里没有对应的词。如果硬要翻译的话，那就是"真空低温烹调法"。实际上，这种烹调方法并没有我们想象的那么神秘。这一节我们就来了解一下神秘的 Sous-vide 吧。

## 真空低温：从生产车间到厨房

所谓"真空低温烹调法"，就是把食材放到袋子里，袋子抽真空，然后置于热水中（水温 50～70℃）烹调即可。既然是"热水"，

那么何来的低温？其实，说"低温"是相比较其他烹调方法而言的。其他烹调方法的温度都至少在 100℃，所以相对来说这已经算是极低的温度了。

所以，如果你听到 Sous-vide，想到的是类似冷冻干燥之类的设备，那么就想多了。

跟其他烹调方法不同，"真空低温烹调法"需要很长时间，通常要好几个小时，某些极端的情况需要十几个小时甚至超过一整天。在漫长的时间中，食材慢慢变熟，食材的原味和水分得到最大程度的保留，吃起来"极端细腻绵软"。这种特殊的口感是其他任何烹调方法都无法达到的。和其他很多烹调技术一样，"真空低温烹调法"也是先出现在食品工业界，而后才慢慢转向厨房的。20 世纪 60 年代，很多食品企业已经把这种技术应用到真空包装食品之中，为的是延长保质期和改善食品口感。直到 1974 年，法国餐厅 Restaurant Troisgros 的主厨 Georges Pralus 在自家的鹅肝中应用了这个技术，从此之后，众多主厨纷纷效仿，Sous-vide 终于从车间走向了厨房。

目前的 Sous-vide 设备，本质上就相当于一个恒温水浴锅，只不过这个"恒温"设备可能比水浴锅更精确一些，以便最大限度保证低温处理的一致性。至于为什么要抽真空，这其实是因为，空气是一种非常差的导热介质，如果食材和水之间有气泡隔绝，气泡处的传热就会比较慢，这样食材就会受热不均匀。

## "真空低温烹调法"有什么优点？

刚刚提到，用 Sous-vide 处理食材，能够让食材获得其他烹饪方法都无法得到的口感。这当然不是这种方法唯一的好处。不管是工业界还是餐厅厨师，之所以那么喜欢 Sous-vide，有两点特别重要。

第一是可复制性。大家都知道，大厨炒菜，掌握好"火候"特别重要。有时出锅早一秒或者晚一秒，菜的口味都会完全不一样。这其实就是说，"炒"这种方法的可复制性不够好。有些餐厅只要一换厨师，菜品马上由"高大上"变为完全不能看。而 Sous-vide 就不同，只要事先设定好温度和时间，使用相同的原料，之后一定会获得完全相同的成品。不管让哪个厨师来做，只要操作规范，出来的菜品一定是完全一样的。这就让那些"高大上"的菜品有了可复制性。

第二是均一性。比如说，我们煎牛排的时候，当牛排与锅底接触的部分已经焦煳时，有可能内部还没熟。任何传统的烹饪方法都无法保证食材内部和外部的烹饪温度完全一样。这使得 Sous-vide 有一个巨大的优势：在较低的温度和较长时间的作用下，食材表面和内部是保持着同样温度的。也就是说，它做出的东西，不管是表面还是内部，熟度都是相同的！

所以，比起其他烹饪方法，Sous-vide 做出的东西是精确的，可以预测的。再加上独一无二的口感，Sous-vide 成为各个米其林餐厅的宠儿也毫不奇怪啦！

## / Sous-vide 可以普及吗？小心食品安全问题！

在购买 Sous-vide 设备之前，你还需要知道如下事实：

目前绝大部分食物中毒都是由食物中的微生物所引起的。微生物的生长需要一定的环境条件。一般来说，4 ~ 60℃之间都是比较适合微生物生存的温度。所以，在食品储藏学中，我们把这个温度区间称为危险区间。如果食物长时间处于这个区间内，就会快速腐坏。所以，通常食品储藏中，我们要尽量离危险区间越远越好。如果一定要进入危险区间，那么时间越短越好。

目前来说，关于 Sous-vide 的介绍中很少提到食品安全问题。实际上，很大一部分 Sous-vide 都是在 60℃以下进行的。这使得食物实际上是在危险区间的边缘"玩火"。稍有不慎，整个 Sous-vide 的过程就可能变成了微生物培养过程。

Sous-vide 是温度与时间的组合。网上有一些"攻略"，会告诉你怎样的组合有把握杀灭肉类中的三大致病菌（沙门氏菌、李斯特菌和致病性大肠杆菌）。一般来说，采用这样的组合是基本可以保证安全的。但是，你要有充足的食品微生物知识储备，才能看懂那些说明。此外，在制作过程中，如果有意外发生，比如采用了不合格的设备，实际温度比显示的低，或者袋子没有完全抽真空，有空气残留，那么安全性就无法保证了。虽然抽真空的操作让食物隔绝了氧气，但是有很多微生物其实不需要氧气就可以生存，比如产气荚膜梭菌、肉毒梭菌等厌氧菌。它们的芽孢形态可以耐高温，而

Sous-vide 又不足以杀灭这些细菌。在一些鱼类和海鲜的烹调中，温度通常还会更低，不足以完全杀灭寄生虫和致病菌。

所以，Sous-vide 如果想保证安全，对于食材也是要有一定要求的，最好是用比较新鲜的食材，而且内部不能有寄生虫存在。高端餐厅可以选用最顶级的食材来达到这个要求，但是，如果普及开来，食品安全的问题就必须得到重视

笔者认为，如果只是尝鲜，在做好充足的准备工作，确保安全的情况下可以一试。但目前的确不是大规模普及 Sous-vide 的时候。否则，食品安全隐患便会凸显出来。

**技术要点**

# 日常食品选购指南

在超市里选购食品，有三个最关键的信息一定不能忘记：一个是"产品名称"，一个是"配料表"，还有一个是"营养成分表"。

产品名称很容易跟品牌名混淆，如"特仑苏""妙脆角""金龙鱼"等名称，并不是产品名称，而是品牌名。产品名称一般写在配料表上面，它告诉你这个产品到底是什么东西。

举个例子，如果两款产品看起来都是橙汁，但一款的产品名称是"橙汁"，另一款是"橙汁饮料"，你就会明白，前者肯定是100%的果汁（不管是原榨还是浓缩还原的），但后者其实只含有10%的果汁。两款看上去一样的巧克力，其中一款的产品名称是"巧克力"，另一款是"代可可脂巧克力"，你就知道后者是用其他油脂代替可可脂来模仿巧克力的口感的。

产品名称告诉你"这个产品是什么"，而配料表则告诉你这个产品里"到底含有什么"。

配料表中的所有配料成分，只要添加量大于2%，就必须按照由多到少的顺序排列。因此我们在看配料表时，可以重点关注前几样配料。它们就是这个产品中最主要的部分。

如果一种零食的配料表中前几样就有糖、油脂等成分，那大家吃的时候就要小心了，不要过多摄入，否则很容易造成糖和脂肪超标，进而影响到身体健康。比如说，有些"乳酸菌饮品"其实糖含量非常高。人们认为乳酸菌有保健作用，能促进肠道菌群平衡，于是喝很多这样的东西。这样就无意中摄入了很多游离糖分。

配料表中可能会出现一些你看不懂的化学物质。一般这些物质都归类为"食品添加剂"的范畴。食品添加剂用途太广泛了，限于篇幅，不可能一一讲解。但是大家需要明确的一点就是：在工业生产食品中，食品添加剂是不可或缺的。而在限量范围内合理使用的食品添加剂，对人体是无害的。添加了食品添加剂的食品，只要符合法规，就可以放心食用。

有一些人会崇尚"有机食品"，认为它对健康更有好处。诚然，有机食品从种植或养殖开始，一直到终产品储运，都必须符合"有机农业体系"这个比较苛刻的要求。在农药残留方面，有机食品比起普通食品更加有优势。但是目前并没有证据证明有机食品真的比普通食品更加有利于健康。有机食品更倾向于是一种食品界的"奢侈品"，但从健康角度和营养成分角度来看，它并没有决定性的优势。

除此之外，还有一个很重要的方面就是营养成分表。它告诉你这个食品里面的营养数值。在营养成分表里我们需要重点关心的是最右边那一列，也就是营养素参考值的百分数。它代表了这种食物中各种营养素，占一天建议摄入这种营养素总量的比值。这个值对于指导我们膳食是非常有参考价值的。

要注意的是，市面上绝大多数食品的营养成分表，都是以100克或者100毫升作单位的，所以在做具体分析的时候，需要做换算。比如某种饮料的糖分含量为每100毫升含10.6克，营养素参考值是4%。但这个饮料一瓶就有300毫升，也就是说，喝一瓶下去，你就摄入了占一天总量12%的碳水化合物。

你可能觉得没什么大不了，但要注意，根据世界卫生组织的建议，游离糖分（可以理解为特意添加进食品里的糖）摄入量应该控制在一天总碳水化合物的10%以内。也就是说，你只要喝一瓶这样的饮料，就已经超过了世界卫生组织的建议摄入值！而目前有研究证据表明，游离糖的超量摄入与高血压、心血管疾病和肥胖症都有很大的关联。

总的来说，大家在超市里选东西，只要抓住产品名称、配料表和营养成分表这三点，基本就能做到"心里有数"了。另外需要特别注意的就是，想健康饮食，就应尽量避开那些高糖、高脂肪和高盐的食品。

第五章

# 吃快餐的技术

快餐也可以既营养又健康

# 常吃泡面，真的需要担心吗？

你有没有无数次，在吃泡面的时候心惊胆战？怕自己吃了泡面好几天都不消化？怕自己的肝脏要连续工作好多天才能解得了毒？甚至都不敢用泡面自带的杯碗吃面，生怕胃里面附了一层蜡？甚至这事人死了都没完，因为多吃泡面就会多摄入防腐剂，所以你怕死后连尸体都不腐烂？

作为一个泡面党，你有没有感觉自己很委屈？稍微吃个一两次，就要被长辈或朋友冠上"过日子太马虎""不珍惜自己身体"的名号？况且长期围绕泡面而展开的各类谣言简直令人惊悚！

泡面党！你们是时候放心吃泡面了！在这里我们要正式辟谣了！

## 谣言1：泡面杯内层有一层蜡！

相信大家都听过一种传言：泡面杯内层有蜡，长期吃杯面的话，那层蜡就会不断在胃壁上累积，甚至导致人死亡！那么，真相如何呢？事实上，泡面杯内层根本就没有蜡。如果你发现泡面杯子是泡沫塑料或者薄塑料材质的，那么它一般来说是用聚苯乙烯塑料做的。

如果泡面杯子是纸质的，则内侧一般会用一层聚乙烯镀膜来增加防水性。

也有人说，聚苯乙烯会放出有毒物质危害人体，其实这也是谣言。聚苯乙烯的塑料杯至少能抵抗95℃的高温。超过这个温度，塑料杯可能会发生软化变形，影响使用。但这种软化的过程中并不会释放所谓的"有毒物质"。

现在做泡面杯确实有更好的材质（比如聚丙烯等）可以使用，而且由于聚苯乙烯是造成白色污染的"主力军"，所以淘汰聚苯乙烯的呼声也一直很高，但这并不证明这种东西会危害人体健康。

而后一种"聚乙烯镀膜"的纸餐盒大家就更可以放心使用了，因为它的熔点在110℃左右，即使是刚出锅的开水也奈何不了它。

而且，这个谣言还有一点很值得吐槽。即使真的吃蜡，蜡也不会黏在胃壁上。平时我们吃的苹果、葡萄等水果，表面都会有一层天然的蜡，对植物起到保护作用。有些糖果也会在外面涂上棕榈蜡。所以说，我们平时不知不觉就会吃下去一些蜡。但我们吃下蜡之后，它要么被消化吸收，要么直接被排出体外，并不会对人体造成什么不良后果。

## 谣言2：吃一包泡面需要肝脏解毒32天！

有说法称，炸方便面的油中添加的BHT有毒，会危害健康。事实上，这种说法根本没有证据支持。BHT的全称是"2,6-二叔丁基-4-甲基苯酚"，是油脂里常见的抗氧化剂。所谓抗氧化剂，就是防止油脂发生氧化的物质。

如果油脂中没有抗氧化剂，很快就会酸败。人们若是吃了酸败的油，不仅会影响营养吸收，而且会对身体健康造成危害。而像BHT 这样的抗氧化剂，目前 FDA 和中国都有严格的限量标准，可以说，只要在限量范围内，就可以安全食用。

## 谣言 3：3 分钟泡好的泡面在体内 32 小时都无法消化！

这个谣言来自一场 2011 年的 TED 演讲（以"用思想的力量来改变世界"为宗旨的专业知识讲座）。演讲的主讲人是媒体从业者史蒂芬妮·巴丁。她和医生布雷登·郭合作进行了一个"胶囊内镜"摄影项目。

什么是胶囊内镜摄影呢？大家对手机摄像头很熟悉，胶囊内镜就是一个被做成胶囊形状的微型摄像头，只要把这东西吞到肚子里，它就会对消化道进行拍摄。对于消化系统疾病的诊断来说，这个东西非常好用。

在这个项目里面，他们找来了两位志愿者，让志愿者吃下两组不同的食物，分别是方便面（代表加工食品）和手工制作面条（代表天然食品），然后吞下摄影胶囊，拍摄它们在人体内的消化过程。

他们声称，在 32 小时后，手工制作面条已经完全消化，而方便面似乎还能看到一点点形状，因此得出了"天然食品"比"加工食品"更容易消化的结论。

实际上，把这个项目称为"实验"实在是不严谨，因为它的确有许多值得怀疑的地方。

第一，它的样本数太少，只有两个人，再加上每个人不同时间的消化能力不一样，使得结果完全可能是基于某些随机的因素，没有普遍的意义。

第二，它也没有给"完全消化"做严格的定义。到底消化到什么程度算是"完全消化"？需要到达胃、小肠还是大肠？这使得实验结果缺乏说服力。

这个实验其实更应该被定性为"行为艺术"。它是用实验的方式表达自己对于"加工食品"的态度。行为艺术本身无可厚非，但是媒体把它曲解为科学研究得出的结论，那就有问题了。

这个项目还有个很大的问题，聪明的你一定已经发现了：目前的摄影胶囊电池容量也只能做到 8 小时连续拍摄，他们是怎么得知 32 小时以后的结果的？在演讲中这一点似乎并没有提到，但这其实挺重要的。

最后一点要说的是，就算泡面真的被证明比起普通面条更不容易消化，那也无法说明泡面会危害人体健康。否则，像金针菇、膳食纤维这些不容易消化的食物，难道都不能吃了？

## 谣言 4：油炸面里放了棕榈油，长期食用对身体有害！

事实上，棕榈油是目前全球需求量最高的油种，广泛应用于食品加工中。可能很多人之前没有听说过它，这是因为它很少会在超市里作为烹饪用油出售。但在食品工厂中这种油用得非常多。由于这种油成本低，而且有非常出色的热稳定性，所以非常适合做油炸食品的加工。

由于饱和脂肪含量较高，它目前也被用作代替人造黄油来降低反式脂肪酸的风险。

事实上，它是一种非常安全的食用油，目前没有任何证据显示它会比别的食用油更"坏"。只是从营养摄入的角度来看，如果吃太多棕榈油，就相当于摄入了过多的饱和脂肪，可能会增加心血管疾病和肥胖症的发病率。

饱和脂肪并不能说是"危险"的，只是说并不是很健康，不宜摄入过多而已。

## 谣言 5：泡面里全都是防腐剂！对健康影响很大！

事实上，大部分泡面里其实没有防腐剂。

首先，泡面的面饼里是不可能有防腐剂的。为什么呢？很简单，经过油炸之后，面饼的水分已经少得可怜了，完全不够微生物生存。所以，没有微生物能够在泡面面饼的表面扎根下来，当然就不用加防腐剂了。

对于调料干粉、蔬菜干这类"干调料包"，情况也是一样的。它们含有的水分太少了，即使不加防腐剂也不会腐坏。商家为何要多此一举呢？毕竟加防腐剂也是一笔不小的费用呢。

那种半固体或液体的酱料包，有些的确会添加一点防腐剂，但这种情况并不多见。因为大部分酱料包在出厂之前都会进行辐照灭菌——利用紫外线或伽马射线照射产品，彻底杀灭细菌，所以也没有用防腐剂的必要。

况且，即使泡面里添加了防腐剂，只要是在国家允许的限量范围内，就不会对人体造成危害。

所以，因为防腐剂的原因而不敢吃泡面，那真是大可不必。

那么，大家一直说泡面是垃圾食品，多吃不健康，这又是怎么回事呢？

说泡面"不健康"是有一定道理的，这主要是因为它的营养比例不均衡，脂肪和盐的含量太高，而蛋白质、微量元素等含量太低。

但如果在吃泡面的时候可以同时配以新鲜蔬菜、肉类、鸡蛋等，那泡面也会变得"营养又美味"哦。

# 外卖饭盒对健康究竟有什么危害？

在这一小节里，我们将会谈到下面几个问题：

- 外卖饭盒到底有多少种材质？
- 各类外卖饭盒到底有没有毒？对身体会不会产生不良影响？
- 这些外卖饭盒可以用微波炉加热吗？

我们日常生活中最常见的外卖饭盒应该就是泡沫塑料饭盒了吧。它是用聚苯乙烯为材料制作的，不耐高温，90℃左右就会融化。所以说，如果一定要用微波炉来加热外卖，那么时间越短越好。

这种饭盒的好处是便宜又隔热，拿在手上不容易被烫。但它不密封，装在里面的食物汤汁很容易流出来。而且这种饭盒质地较软，容易坏掉。这一点相信大家已经深有体会。

聚苯乙烯本身没有毒性，即使熔化也不会对健康造成很大影响，不过，充满塑料味的饭菜确实不好吃。而且我们要注意，一些聚苯乙烯饭盒在生产中会添加一些加工助剂，这些加工助剂可能会对人体造成危害。所以，有人提倡少用聚苯乙烯的饭盒，也是有道理的。有些劣质的泡沫塑料饭盒，可能还会有聚苯乙烯的单体，也就是苯乙烯的超量残留，而苯乙烯是具有一定毒性的。所以，对待这种泡沫塑料饭盒，尤其是从一些小摊或小商贩那购买来的外卖，还是谨慎一些为好。

还有一种饭盒主要是用聚丙烯做的。比起聚苯乙烯饭盒，聚丙烯饭盒就要靠谱多了，耐热可达140℃，而且生产过程一般不会添加助剂。用这种饭盒比较放心，微波转几分钟通常也是没问题的。

铝箔餐盒是飞机餐中常用的，现在有的外卖也采用铝箔来做餐盒了。铝箔餐盒的优点是安全性有保证；至于缺点，一是不隔热，烫手；二是不能用微波炉加热。不过，虽然不能用微波炉加热，但这种餐盒可以放在烤箱里烤。这一点前面几种塑料显然都不行。

所以，大家要记得用合适的加热方法处理装在不同材质里的外卖哦！

美式中餐馆最爱使用的餐盒是纸餐盒，便当店也最爱用这种餐盒。不过，很多人担心纸餐盒内部打了一层蜡，吃多了蜡会黏在胃上，影响健康。其实，这种担心真的是多余的。纸餐盒内部其实是一层塑料，材料跟食品保鲜袋的塑料是同一种：聚乙烯。

聚乙烯的熔点在110℃左右，一般用微波炉加热不会有问题（微波是作用于食物中水分子的，让其震荡加剧，所以一般微波加热不会超过100℃）。

木片餐盒几乎成了高端便当必备的装备，这种饭盒看上去似乎既环保又无污染。但这种餐盒里装配菜的小盒子，其实还是聚苯乙烯料盒子。

看到这里，大家有没有对手中的外卖饭盒有更多了解呢？

# 咦，我的大蒜怎么变绿了？

有时候，食物会在不经意间展现出令人惊奇的一面，比如突然变成其他颜色，就像被施了魔法一样。

经常下厨的小伙伴们很多都有经验，大蒜切碎后如果没有用完，很有可能会变绿。相似的还有白色洋葱，如果切碎后放到第二天，它很有可能就变成了鲜艳的粉红色。

这一节我们就来说说，为什么大蒜和洋葱会发生这种颜色变化。这些变色了的食物，究竟还能不能吃？

## 古老的传承

大家知道，大蒜变绿的现象，早在很久以前就已经被我们的祖先发现了。山西一带的传统小吃"腊八蒜"，就是利用这种现象的杰作。

制作腊八蒜的过程很简单，在腊月初八的时候，将蒜剥好放在一个大瓶子里，往瓶内倒满山西老陈醋，接着将瓶口封好，等到除夕这一天再拿出来享用。

如果成功，你就会得到一盘青翠欲滴、酸香可口的腊八蒜了。配着饺子吃，简直幸福得要哭出来。

但是，制作腊八蒜并不是总能成功的。从腊月初八到除夕这个重要的时间节点，一定不能弄错。因为每年只有这个时间段可以做这道美食。如果季节不对，那大蒜就没法变绿，这道菜就注定要失败。

为什么会这样呢？为什么腊八蒜只有在这个时间节点制作才能成功？没有人知道。

古老的经验似乎不在乎这个。毕竟，每年能吃上一次腊八蒜，已经是上天的恩赐了。想解开谜题，还得靠现代科学。

## 大蒜的绿变

大蒜放久变绿的现象，用食品科学术语说，叫做大蒜绿变。对于大蒜绿变的研究，在 20 世纪 50 年代才刚刚开始。

之所以要花心思研究它，主要是为了食品工业生产的需要。当时人们发现，很多产品需要用到大蒜泥，有些产品等到生产出来后，只要稍微放上几天，莫名其妙就会变绿。

消费者当然无法接受莫名变绿的产品，但偏偏这种现象又是如此的常见，这才促使人们仔细探究到底发生了什么。

最早的时候，人们只能凭借对照实验进行探索。科学家们很快发现，大蒜不是在任何情况下都会变绿的，想要大蒜变绿，要有一些严格的触发条件：

● 大蒜处于破碎状态或者经过酸处理后比较容易发生绿变，完整的大蒜很难绿变。

● 大蒜如果被放在 0～4℃ 的环境中冷藏过，极容易发生绿变，常温存储的大蒜绿变不明显。

聪明的你已经发现，这两个结论足以解释"腊八蒜"形成的秘密了。但是，这对于工业生产来说还远远不够，我们需要知道大蒜变绿的具体机理。

科学家逐渐把注意力聚焦到一种化学物质上来。这种化学物质叫做"丙烯基半胱氨酸亚砜"，简称 PECSO。科学家发现，在所有产生绿变的大蒜中，这种物质的含量都有明显的升高。

这只是证明了 PECSO 和绿变之间有相关性，怎么证明其因果关系呢？科学家把从洋葱中提取出来的 PECSO 加入到没有绿变的大蒜泥中，神奇的事情发生了，大蒜泥很快变成了绿色！

很明显，PECSO 就是导致大蒜变绿的原因。

但是问题来了，PECSO 本身是没有颜色的，为什么这种没有颜色的物质会引起大蒜变绿呢？

经过更深入的研究，科学家终于大致描绘清楚了事情的轮廓：这是一整套非常复杂的酶促反应的结果。PECSO 经过蒜酶催化后形成色素中间体，色素中间体与大蒜中的丙酮酸、氨基酸和蒜素分别发生反应，形成了黄色色素和蓝色色素。这两种色素混合在一起，就成了我们看到的绿色了。

那么，这些黄色色素和蓝色色素具体是什么呢？我们目前只知道，它们是含硫的化合物，具体结构还尚未知晓。不过我们可以明确知道的是，它们跟叶绿素、花青素肯定不是同一种东西。

所以，那些宣传腊八蒜"富含花青素，有助于抗氧化"的理论，都不攻自破了。

至此，还有一个最初的问题没有解决，也许正是大家想问的：大蒜中的PECSO是怎么产生的呢？为什么切碎、酸处理或者冷藏后，这种物质的含量会升高？

这就要提到另一种酶了。它的名字叫 γ-谷氨酰转肽酶，在大蒜中大量存在，可以催化大蒜中的某种多肽水解成PECSO。

大蒜本身是由细胞构成的，平时多肽和这种酶无法相遇，但是如果把它切碎，酶和底物就会结合，反应速度当然会加快很多。酸处理可以增加细胞膜的通透性，也可以把酶从细胞中"释放"出来。

那么，低温是怎么回事呢？原来在室温环境下，大蒜会进入"休眠模式"，此时 γ-谷氨酰转肽酶的活性非常低。而一旦进入低温环境，大蒜的休眠会被打破，γ-谷氨酰转肽酶会一个接一个被激活，从而开启了绿变反应的第一把锁。

到了这里，我们终于描绘出大蒜绿变过程的一个简单轮廓。不过，这个过程中还有很多更复杂、更微妙的细节，等待着科学家继续探索。

## 洋葱的红变

不知道大家在下厨时有没有注意过，洋葱切碎后，放久了会变成粉红色。这一点在白皮洋葱中尤其明显，而紫皮洋葱倒不是很明显。

关于洋葱红变的研究，几乎是和大蒜绿变的研究同时进行的。很快，科学家就发现，这两者的源头其实是相同的。

它们一开始的过程完全一样，也是 γ - 谷氨酰转肽酶水解多肽生成 PECSO，然后经过蒜酶催化生成色素中间体。但是洋葱和大蒜中含有的酶是不一样的，最终生成的色素也就有差别了。

洋葱红变的过程最终生成了红色色素，这种色素也是一种含硫的化合物。除了洋葱，有时候大葱也会发生相似的红变现象。

## 如何防止这些变化？

无论是洋葱红变还是大蒜绿变，都不会产生对身体有害的物质。所以遇到有颜色变化的葱和蒜，是可以放心食用的。

但是，大蒜和洋葱切碎后如果长时间储存，是很容易变质的。如果发现它们味道不对，不管颜色有没有变化，都要赶紧扔掉。

那么，如何防止洋葱红变或者大蒜绿变呢？

在食品工业界，这至今也是一个很难解决的问题。对于洋葱红变，我们可以采用降低 pH、添加护色剂、隔绝氧气的方法。而对于大蒜绿变，我们可以在加工之前先将大蒜高温储藏一段时间，并在加工过程中添加一些还原剂，这样可以一定程度上解决问题。当然，我们在家中做菜时，防止其变化的最好办法就是随切随用，尽量别剩下！

# 挑食不怪你，
# 你可能是人群中隐藏的超级味觉者

很多人都下意识地认为，只有小孩子会挑食，其实不少大人也会挑食哦，这其中有什么玄机吗？这一节我们就来讨论一下挑食的问题。

## 你挑食吗？

如果你觉得西兰花有难以下咽的怪味，或者觉得葡萄柚苦得不忍直视，或是对咖啡、酒类以及辛辣食物全无兴趣，别再怪自己挑食了，因为你很有可能是人群中隐藏的超能力者。这种叫"超级味觉"的超能力可以让你的味觉敏感度超出普通人好几倍。也就是说，普通人感受到的酸、甜、苦、咸和鲜，在超级味觉者看来就变成了"非常酸、超级甜、极度苦、真的咸和鲜得来"。除此之外，超级味觉者味觉感受的阈值也比普通人低很多。举个例子，水里放一小片柠檬，普通人尝起来根本没有任何味道，但超级味觉者们已经觉得"这酸爽简直不敢相信"了。

很多人可能会想，这听起来有点不可思议啊，真有这样的超级味觉者？相信吧，真的存在这样的人！

这种天赋技能会让超级味觉者在"品尝味道"方面有出众的能力，有证据显示，比起普通人，超级味觉者更能胜任诸如品酒师、品茶师、厨师等职位。但正如每个超能力者都会有自己的烦恼一样，"超级味觉"在很多情况下其实是一个负面技能。因为你会觉得有些食物味道太过于强烈而"不能接受"，比如一些含有苦味的食物，像西兰花、葡萄柚、苦瓜等，以及一些比较辛辣的食物。对于超级味觉者来说，它们都显得有些过于"重口"了。正因为如此，有学者表示，要用"味觉过敏"这个词来代替"超级味觉"！

"超级味觉"这项超能力并不容易被发现，至少有很多超能力拥有者现在还蒙在鼓里。超级味觉的发现要追溯到1931年的某天，那天风比较大，杜邦公司的一位化学家在实验室中合成了一种叫做苯硫脲的物质。他刚刚制成粉末时，估计当时窗户没关好，一阵风吹来，苯硫脲的粉末随风飘扬了出去。

他的助手受不了了，两人可能进行了如下对话：

> 助手：什么东西这么苦？
>
> 化学家：你说什么？
>
> 助手：你合成的是什么东西，味道好苦。
>
> 化学家：我怎么一点也不觉得？

随后他们意识到，问题好像有些不对。于是他们把苯硫脲制成样品，分给实验室的其他众人品尝，发现有的人觉得苦，有的人觉得一点味道都没有。进一步的研究（其实就是把样品分给更多人尝试）之后他们发现，这个特点竟然有遗传性，而且是符合孟德尔定律的显性遗传。尝味由显性基因 T 决定，味盲由隐性基因纯合子 tt 所决定。这下好了，这种性状很长时间被应用于亲子鉴定中。

现在我们知道，这个性状是由一个叫 TAS2R38 的基因决定的，这个基因位于人类第 7 条染色体上。

可是他们当时不知道的是，苯硫脲不仅有毒，而且还有致畸性。把这种东西随随便便给别人喝，简直太不负责任了！不过还好，后来他们发现了一种毒性低很多的物质，叫丙硫氧嘧啶，也具有相同的作用。现在，PROP 测试已经成为超级味觉的标准测试了。有一些感官实验中，如果想排除超级味觉对于实验的影响，就需要给被试者们做 PROP 测试，如果被试者能品出强烈的苦味，就证明是超级味觉者。

那么，这是不是说明，"超级味觉"和这个基因就是一一对应的关系呢？实际上，问题要复杂得多。首先，超级味觉者可不是只对苦味敏感，而是对所有味觉都敏感！而 TAS2R38 基因是专精"苦味识别"的，所以一定也有别的基因参与作用。究竟还有什么基因呢？科学家现在也没有完全研究清楚。也有些研究显示，环境因素可能也占一定比重，比如吸烟就会影响味觉的形成。也就是说，超级味觉的形成，到现在还是一个未解之谜。

超级味觉者占总人群的比例目前没有精确统计，比较受公认的估计是占总人群的 25% 左右。有统计数据显示，女性比男性更容易成为超级味觉者；亚洲人、黑人中超级味觉者的比例也会比较大。

我们通常认为，超级味觉这种性状在进化中是有利的，因为这种超能力能让人们更好地"趋利避害"，规避可能的苦味有毒物质，更好地摄取带有甜味的糖类、带有鲜味的蛋白质等能量物质。但是，近年来的一些研究也显示了这种"挑食"的饮食习惯可能对健康造成的影响。

这种影响首先体现在一些好的方面。在达到同样的"满足感"时，超级味觉者所需要摄入的糖和脂肪的量可能比较少。所以，比起普通人，超级味觉者不太容易吃成大胖子，比较容易适可而止。

接下来就要说说其不太好的影响了。也有研究显示，超级味觉者往往会比较喜爱高盐食物，用咸味来掩盖食材中的苦味。但长期高盐饮食容易造成一系列心血管疾病，对健康有很不利的影响。另外，超级味觉者往往不能忍受水果、蔬菜中的苦味，而有些苦味恰恰来自对人体有益的多酚类抗氧化物质。甚至有研究显示，超级味觉者的饮食习惯比起普通人，有更高的结肠癌风险。

所以，这种超能力是有两面性的，没有这种超能力的人，也不必过多羡慕他们。活在更强烈的味觉世界中是什么体验？也许快乐和痛苦都会被双倍放大吧。

小贴士

如果有读者想知道自己是不是超级味觉者，可以参考以下的步骤来鉴定：

首先，国外有一些网站有专门的 PROP Test kit 售卖，可以对超级味觉者做比较专业的鉴别。

如果没有专业设备，其实也有一个比较方便的选择，就是数舌头上"乳头状突起"的数量。只是需要提前说明，目前有文献指出，舌头上"乳头状突起"的数量和味蕾敏感度未必成正相关。所以说，这种方法只能说"有一定参考价值"。

这种操作很简单，先找个食品级色素或者颜色比较深的蓝莓、红酒之类的食物，给你的舌头"染个色"；接着拿张纸，中间掏一个直径 4 毫米左右的小洞，将纸贴在舌头上，数舌头上位于这个小洞内部的"乳头状突起"的数量。如果数量超过了 30 个，那么你是"超级味觉者"的可能性相对就很大。

# 包子上有黑点，怎么正确处理？

大家有时候会发现，家里的包子、馒头上可能会有黑点。这到底是怎么回事？这一节我们就来说说发生这种情况的各种可能。

## 包子上的黑点是酵母粉吗？

不太可能。

目前市面上的酵母粉，绝大部分都是淡黄色或浅褐色的粉末。

在蒸包子的过程中，酵母的颜色并不会发生改变。因此，如果酵母混合不均，最多也就是在包子表面出现黄褐色斑块，不至于出现黑色斑点。

那么，黑色斑点到底是由什么造成的呢？

事实上，出现这种情况的可能性很多。如果蒸包子的器具里有黑色的污垢，就可能造成这种黑点。

当然，霉菌污染的可能性也是很大的。霉菌在自然界普遍存在。如果新鲜食物放置时间过长，出现霉菌污染几乎是必然的事情。

包子、馒头等食物比起其他食物更容易发霉，这是因为它们拥有蓬松多孔的结构，使得霉菌易于扎根繁殖。再加上它们中水分和淀粉的含量都很高，更是给霉菌提供了得天独厚的生长条件。

在条件良好的情况下，包子上面长出霉点，甚至都不用一天的时间。

事实上，很多包子的霉点很有可能是一种叫"黑曲霉"的霉菌繁殖所致。这种霉菌很容易在发霉的食物中找到。

## / 那么，出现黑点的包子还能吃吗？

当然不能吃！

霉菌本身是一个大家族，其中有好有坏。"好霉菌"是帮我们加工食物的得力助手。比如说，硬质奶酪、意式萨拉米、毛豆腐等食物表面都覆盖有霉菌，这些霉菌使食物产生了特别的风味。

我们之前提到的黑曲霉，也被视为是一种"好霉菌"。我们在食品加工里用到的很多有机酸，如柠檬酸，都是用它来发酵生产的。一般来说，这种霉菌是比较安全的。

但是，食品安全问题不能光凭想当然。

最近有研究指出，有一些特定种类的黑曲霉会产生真菌毒素，从而引起食物中毒。

还有一个关键的问题是，就算黑曲霉是安全的，但既然都已经发霉了，就很有可能同时染上很多种霉菌。比如同属曲霉大家族的黄曲霉，它会释放有剧毒、强烈致癌的黄曲霉素。如果吃下被污染的食物，有可能导致癌症和死亡！

虽说目前不能肯定黑点一定是发霉导致的，但有这种可能性存在。因此，在这种情况下，不吃任何发霉或可能发霉的食物，是保证食品安全最有效的方式。

那么，如果把发霉的部分去掉，包子还能吃吗？

很遗憾，还是不能吃。霉菌和冰山一样，我们可以看到的霉点只是霉菌的一小部分，是最顶端孢子囊中孢子的颜色。而它的主体藏在食物的深处，是肉眼看不见的。只将孢子囊的部分去掉，对于改善食品安全毫无帮助。

只要发现食物发霉，最好的处理方式是完全扔掉它。即使食物中的一部分"看起来"没有发霉，也不要再吃。

## 怎样阻止食物发霉？

在工业生产中，阻止食物发霉最常见的方法是在食物中添加防腐剂，如山梨酸钾、丙酸钙等。这些防腐剂都可以有效抑制霉菌繁殖。添加了这些防腐剂的食品一般能保存较长时间，不用担心发霉的问题。

很多人都担心防腐剂会对身体健康有影响，觉得这些"化学物质"不天然，对人体有伤害，其实这是一种误解，我们在前面的内容中已经多次提到。

不过，大多数做包子的店铺都不具备添加防腐剂的条件。而霉菌的适应能力很强，即使在冷藏的温度下也能正常生长，况且如果一直对包子加热，包子也会迅速失去水分，影响口感。

那么，这些小店铺该怎么办呢？其实办法说起来也很简单：让环境中的霉菌尽量不接触食物。具体建议如下：

● 食物刚做好取出时尽量在上面盖一层保鲜膜，这样空气中的霉菌大部分就会落在保鲜膜，而不是食物上。

● 定期对厨房的台面、地板、食物加工器具进行全面消毒，让霉菌不再存活。

● 厨房的员工须遵循良好生产规范。

当然，除了这些，最重要的就是不要卖剩下很久的食物，保证食物在最新鲜的时候送入顾客手中。

# 牛奶与茶一起喝，营养会流失吗？

经常会有人问，牛奶和茶可不可以一起喝？一起喝的话会有营养成分的损失吗？在这个问题上，绿茶与红茶有区别吗？

在这里，我们首先要明确一点：牛奶当然可以和茶一起喝，不然奶茶是什么呢？

我们平时总听人说，"喝茶对身体有好处"。茶中的生理活性物质包括维生素、氨基酸（特别是茶氨酸）、生物碱（茶碱、咖啡因等）和抗氧化物质（多酚类物质、黄酮等）。而牛奶中的营养成分包含蛋白质、脂肪、维生素（特别是维生素 A 和 B 族维生素）和矿物质（特别是钙和磷）等。这些不同的营养物质之间，的确可能发生相互作用。

不少人对此产生的疑虑，统一起来大致分为下面几种情况：

## 茶中的草酸会影响牛奶中钙质的吸收吗？

理论上确实会，草酸等物质会和牛奶中的钙质结合，使其转变为不可溶的草酸钙，从而影响钙质的吸收率。

绿茶和红茶的草酸含量不同，绿茶每杯含量为 6 ~ 18 毫克，而红茶含量为 12 ~ 30 毫克。而牛奶中的钙质每杯约 300 毫克，远大于茶中草酸的含量。

所以，结论是：会有一定影响，但影响不是太大。

## 牛奶中的蛋白质会影响茶中的多酚、黄酮等抗氧化物质的吸收吗？

目前有一些论文证据支持这种"基质效应"。这些论文认为，牛奶中的蛋白质会和多酚类抗氧化物质发生相互作用，从而影响抗氧化物质的吸收率。

我们之前做过一个有关这方面的实验，只不过材料不是茶叶，而是草莓。结果表明，加牛奶的实验组比起不加牛奶的对照组，多酚类物质具有更高的生物可用性。而生物可用性是衡量吸收率的一个很重要的指标。

但目前也有很多论文认为这种效应并不存在。总之，目前在这方面，科学家还没有给出确定的结论。

总的来说，我们不必过分担心牛奶和茶一起喝时营养流失的问题。毕竟，对奶茶来说，好喝才是最重要的。

# 可乐加热会产生毒素吗？

很多人都会担心，可乐中含有很多化学制品，用来做菜，比如做可乐鸡翅，是否会产生对人体不好的物质？确实，可乐中有很多化学物质，包括水、甜味剂（蔗糖或果葡糖浆）、色素和香精、二氧化碳、酸度调节剂及缓冲剂（磷酸等）、咖啡因。

这些化学物质在很多食物中都普遍存在，而且目前并没有"高温条件下会和食物反应产生有毒产物"的证据出现，否则很大一部分食物都没法吃了。

而且，可乐问世至今已经有130多年了，如果用于烹饪就会出问题，那肯定早就被发现了，所以大家不必担心这个问题。

# 吃辣能力可以训练吗？

说到吃辣这个问题，很多人可能会问：吃辣的能力可以后天培养吗？如果可以，又该如何培养？

我们之所以能尝到辣味，是因为口腔中一些感受辣味的受体，如辣椒素受体被辣味物质激活，将痛觉和热觉信号沿神经传入大脑。

其实，吃辣能力在某种程度上是可以培养的，但具体是什么原因造成，目前学术界并没有统一的观点。比较主流的观点认为，在大量吃辣的时候，我们的痛觉神经和热觉神经接受了超量刺激，会产生一种"蛋白激酶活化"机制，通过磷酸化作用将相应受体"关闭"。

简单来说，就是我们身体里每个辣味受体都有一个"小开关"，吃太多辣味后，一部分辣味受体就会把小开关关上，不再接受刺激了。也就是说，我们就对辣味不再那么"敏感"了。但这种机制也是可逆的，如果长时间不吃辣，对辣味的敏感性是可以恢复的。

那么，为什么人体会有这样的机制呢？这种机制是人体的一种自我适应作用，有了这种适用作用，我们即使处于不同的环境下，对各种环境刺激的反应也就不至于超过"阈值"了。

# 吃方便食品的正确姿势

如今，各式各样的方便食品和快餐充斥在我们生活的世界里。而这样的情况，在工业时代之前是见不到的。可以说，方便食品和快餐是工业时代的代表和象征。

有很多人觉得方便食品、快餐都是"垃圾食品"，对身体只会有害处。这就牵涉到了一个问题，"垃圾食品"究竟是如何定义的？

其实，"垃圾食品"从来就不是一个专业的学术概念，只是用于人们的日常生活，泛指那些营养素比例比较失衡的食品。比如说，脂肪太多、糖太多、完全不含微量元素和维生素的食品，都可以被称作"垃圾食品"。

但是，世界上不可能存在一种完美食材，所有营养素比例都恰好符合人体的需求，不多也不少。所以，我们在日常生活中所吃的每顿饭，肯定都是好几种不同食材的搭配，不能只吃一种食物。事实上，我们只要保证不同食材经过搭配之后符合健康膳食的标准，那么就可以放心吃了。